新 潮 文 庫

ナマケモノは なぜ「怠け者」なのか

最新生物学の「ウソ」と「ホント」

池 田 清 彦 著

新 潮 社 版

10797

イントロダクション

生物学が解明している現象と、解明できていない現象

生物学が対象とする領域は、分子の世界から地球の生態系まで、きわめて広大である。その全領域を詳しく把握することは、凡人のみならず、たとえ大天才でも不可能であろう。

しかし、生物の基本原理さえ理解していれば、さまざまなトピックを聞いて、なるほどと納得することはできるはずだ。ごく簡単に言えば、生物は物理化学法則に矛盾しないが、物理化学法則だけからは導き出せない、特殊なルールを持つ空間だということだ。

たとえば、サッカーのルールは物理化学法則に矛盾しないが、物理化学をいくら勉強しても、そこからは導くことができない。それは、将棋のルールでも同じである。これらのルールは、一応厳密に決まっているように見えるが、当たり前のことだけれ

ど、未来永劫《えいごう》不変のルールではない。それに対して、たとえば、万有引力の法則は不変で普遍のルールである（実は、私はそれも間違いではないかと疑っているのだが、長くなるのでその話はここではしない）。

生物に見られるルールもサッカーや将棋のルールに似ていて、恣意《しい》的に適当に決まっているところがある。恣意的といってもデタラメに物理化学法則を無視して決まっているわけではなく、可能性を限定してルール化しているのだ。将棋のルールのアナロジーで言うと、たとえば金は横に動けるが、銀は横には動けないわけだが、これは恣意的に決まっているだけで、物理化学法則に矛盾しているわけでもなければ、ここから一意に導けるものでもない。生物のルールと将棋のルールの決定的な違いは、将棋のルールは人間が決めたものだが、生物のルールは人間が決めたわけではなく、勝手に決まっているのだ。そこで、大事なことは、人間はそのルールの全《すべ》てを未《いま》だに理解できていないことである。さらに面倒なことは、ルールは時々勝手に変わるらしく、ルールを変えるメタルールがあるかどうかが定かでないことだ。

生物の基本原理を理解していない人々は時々、ここから、生物は物理化学法則に縛られない神秘的なものだとの考えを抱くことがあるようだ。しかし、すべての生命現象は、熱力学の第一法則（エネルギーの保存則）と、第二法則（エントロピー増大則）

の支配下にあり、生物の体は物質以外のものからは構成されていないことを理解すれば、霊魂といったものが存在しないことは自明であろう。

　現在の生物学の知識で説明できない現象はまだたくさんあって、解明されるまではペンディングにしておくのが科学的な態度なのだ。たとえば、生物は、すべて神が創造したという説（特殊創造説）や、すべての進化は遺伝子の突然変異と自然選択で起きたというネオダーウィニズムは、まだ解明されていないことに目を瞑《つむ》って、自分の頭で、理解できる知識だけで全てを説明してしまおうという、知的怠惰の産物である。

　本書は、生物学の広範な領域から、読者の興味を引くと思われる１００個のトピックを拾って、「Ⅰ　生物進化の謎《なぞ》」、「Ⅱ　生命とは何か――遺伝子と細胞の謎」、「Ⅲ　♂と♀――性と生殖の謎」、「Ⅳ　環境と生態の謎」、「Ⅴ　ヒトの謎」の五つのタイトルの下にまとめて解説したものだ。

　Ⅰでは、進化にまつわる様々な不思議を紹介するとともに、随所で、現在主流のネオダーウィニズムを凌駕《りょうが》する最新の進化論の考え方を述べてある。Ⅱは話題になったＳＴＡＰ細胞の真偽問題をはじめ、遺伝子と細胞にまつわるトピックを集めて解説した。Ⅲでは、一部の読者にはとりわけ興味があるであろうオスとメスの話題を集めてみた。Ⅳは身近な生物たちのありふれた生態も、生物の基本原理の上に成り立っていることを解説した。身近な生物だけでなく、珍しく特殊な生活をしている生物の話題も盛り込んであるけれどね。Vはヒトに限定して、人類進化の謎や病気の謎を解説してみた。ヒトも生物の一種である以上、生物の基本原理を離れて生きることはできない。最近、命至上主義あるいは健康原理主義とでも言うべき主張が幅を利《き》かせていて、これに騙《だま》されて、タバコも酒も嗜《たしな》まず、好きな食べ物も食わず、毎年人間ドックに行って、薬をたくさん飲まされ、医療資本の食い物にされている人が多いが、何をしたところで、いずれ老いさらばえて病気になって死ぬことに変わりはない。世界一長生きしたジャンヌ・カルマンさんが禁煙をしたのは117歳の時だ。あなたも長生きしたいなら118歳の時に禁煙すればカルマンさんを上回る世界一の長寿者になれるかもしれない。

個々のトピックは読みやすいようにほぼ同じ分量にまとめた。律儀《りちぎ》に最初から読み始めなくとも興味があるところから読んでいただければありがたい。これを読んで、現在の生物学が、解明している現象もあれば、まだ分からない現象もあることを理解していただければ、嬉《うれ》しい限りである。

目次

イントロダクション
生物学が解明している現象と、解明できていない現象 3

I 生物進化の謎

生命はどのように誕生したのか 20
史上最大の生態系破壊者とは何か 23
サンゴはなぜ色とりどりなのか 26
寄生虫の謎 29
真核生物はどのようにして誕生したか 32
シーラカンスはなぜ進化しないのか 35
哺乳類はなぜ長生きできないのか 38
哺乳類より魚類や爬虫類の寿命が長いのはなぜか 41
植物が動物より長生きなのはなぜか 44
恐竜の謎 47

爬虫類はなぜ多様なのか　50
恐竜はなぜ巨大化したのか　53
熱帯に昆虫が多いのはなぜか　56
昆虫の進化の謎　59
甲虫の起源は？　62
超大陸が誕生するとき生物が大量絶滅するのはなぜか　65
伝統的進化論は魚に顎が出来た理由を説明できない　68
大きすぎる角の謎　71

Ⅱ　生命とは何か——遺伝子と細胞の謎

生命とは何か　76
「不老不死」は可能か　79
クマムシはなぜ不死身なのか　82
ヒトが「冷凍人間」となって生き返るのは可能か　85

生物の能力は脳細胞の数に比例するか　88
「STAP細胞」に世界中の生物学者が仰天したのはなぜか　91
「STAP細胞」の真偽問題の核心にあるもの　94
免疫とは何か　97
自己免疫病を引き起こすものは何か　100
DNAとは何か　103
タンパク質を作る遺伝情報の「暗号」の謎　106
一つの遺伝子がいくつもの異なるタンパク質を作れるのはなぜか　109
免疫細胞の多様性の基礎となっているのは？　112
インフルエンザウイルスはなぜニワトリで強毒性になるのか　115
幼形成熟の謎　118
幼虫のまま生殖する種の生存戦略は？　121
昆虫の成虫の体が再生不能なのはなぜか　124
細胞内の交通を支える微少管の謎　127

Ⅲ

♂と♀――性と生殖の謎

オスなしで子供を作れるコモドドラゴンの謎　132
ヒトのオスが不要にならずにすんだのはなぜか　135
ライオンのオスの役割とは　138
近くのオスより遠いオスにひかれるのはなぜか　141
「女心と秋の空」が移ろいやすいのはなぜか　144
なぜオスとメスがいるのか　147
生殖能力を放棄した「兵隊アブラムシ」とは　150
クマノミが性転換するのはなぜか　153
昆虫のメスが生涯数度しか交尾しなくても受精卵を産み続けるのはなぜか　156
オス・メスを決めているのは何か　159
男と女の心性の違いは何に起因するのか　162
なぜオスは大きな角を持つのか――オオツノコクヌストモドキの場合　165

Ⅳ　環境と生態の謎

ナマケモノはなぜ「怠け者」なのか　170
草食動物はどうやってタンパク質を摂るのか　173
毒をもつのはどんな動物か　176
虫の分布は何によって決まるのか　179
擬態の謎（一）　182
擬態の謎（二）　185
素数ゼミの謎　188
セミの鳴き声の謎　191
一方が増えれば一方が減るセミの謎　194
セミの棲み分けの謎　197
ホタルの発光パターンの謎　200
多くの虫が単食性・狭食性なのはなぜか　203
外来生物は悪者なのか　206
ガウゼの法則　209

ダイオウグソクムシが食べなくても生きていけるのはなぜか　212
蛾や蟬はなぜ「飛んで火に入る夏の虫」なのか　215
一番エコロジカルな食べ物は何か　218
美味な虫は何か　221
街路樹の実は食べられるか　224
なぜスズメが減少しているのか　227
なぜツバメが減少しているのか　230
新種のカミキリムシ発見　233
ネキダリスに関して奄美だけが特殊なのはなぜか　236
生物の名前の謎　239
最も低酸素に強い魚は何か　242
なぜクジラは巨大化したのか　245
極地の海でも動物が多くいるのはなぜか　248
生態系にとって動物はどのような存在か　251
「東洋のガラパゴス」小笠原に生息している唯一の固有鳥類は?　254
メグロはなぜ「怠け者」になったのか　257

絶滅危惧種を救う方法は？　260
小笠原の父島・母島はどうしてグリーンアノールだらけになったのか　263
なぜラッコは生態系にとって重要なのか　266
水界生態系の生産性が陸上より高いわけ　269
湖の水は回転する　272
酸素濃度の低い深海層で生物多様性が高いのはなぜか　275
愛好家を魅了する「迷蝶」の謎　278

V　ヒトの謎

人類の脳容量が急激に大きくなったのはなぜか　282
「ミトコンドリア・イブ」とは何か　285
ネアンデルタール人と現生人類の混血児はどうなったのか　288
クオリアの謎　291
人間の能力を決めているのは遺伝か環境か　294

花粉症の謎　297
ヒトと共生する微生物の謎　300
感染症はいつから発生したのか　303
エマージング・ウイルスが人間を宿主にするのはなぜか　306
エイズが恐ろしい病気になったのは人間がエロくなったせい？　309
がんを放置しても治療しても予後に差はない。なぜか　312
ヒトの寿命はどうすれば延びるか　315
カニバリズムはなぜタブーなのか　318
過度な運動が健康に有害なわけ　321
なぜ人間は現実と非現実をたやすく取り違えるのか　324

あとがき　327

解説　内山昭一　331

各章扉イラスト　村木豊

ナマケモノはなぜ「怠け者」なのか

最新生物学の「ウソ」と「ホント」

I

生物進化の謎《なぞ》

生命はどのように誕生したのか

生命は38億年前に誕生したといわれている。地球の歴史は46億年前に遡《さかのぼ》れるので、生命誕生まで8億年の歳月を要したことになる。小さな惑星が衝突を繰り返して地球は徐々に大きくなり、地球生成の最終段階で火星大の惑星が衝突し、このエネルギーで地球の岩石が溶けてマグマ・オーシャンと呼ばれるマグマの海ができたと考えられている。

衝突した惑星は二つに割れて、ひとつは宇宙に飛び、ひとつは地球の重力につかまって月になったといわれている。もちろん見た者はいないので本当のことは分からない。でも最初期の地球が火の玉であったことは間違いないようだ。大気は水蒸気と二酸化炭素で満ち、１００気圧ほどであった。

その後、表面が冷えてきて水蒸気の一部が液体に変わり、マグマの海は水の海に変わった。二酸化炭素は水に溶け込んで大気圧は10気圧ほどに下がった。そして海の底で生命が誕生したのだ。

生命がどのようなプロセスで誕生したかはよく分かっていない。生命にとって最も重要な分子はタンパク質とＤＮＡ（デオキシリボ核酸）であるが、タンパク質を作るためにはＤＮＡが必要で、ＤＮＡが複製されるためにはタンパク質が必要だ。タマゴが先かニワトリが先かという話で、この二つの重要な分子がどのようなプロセスで生じて、どのようにしてお互いにインタラクション（相互作用）を始めたかの詳細はまだヤブの中だ。

奈良女子大学名誉教授の池原健二博士は、まず簡単なタンパク質ができて、それが多少自分と異なるものになる疑似複製を繰り返してＤＮＡの元となる物質を合成する触媒として働き始め、その後、タンパク質とＤＮＡが相互作用を始めて、生命が誕生したのではないかとの説を唱えている。私はかなり正鵠《せいこく》を射ているのではないかと思っている。

生命進化の最初期のプロセスは不明でも、最初に現れた生命が原核生物のバクテリア（細菌）であることは間違いない。このバクテリアが誕生したのは、海底の火山活動によって黒色の熱水が噴出しているブラック・スモーカーと呼ばれる熱水噴出孔のまわりで、初期のバクテリアはここから出る硫化水素などをエネルギー源にして有機物を合成していたようだ。

　これらのバクテリアは高温耐性をもち、摂氏１００度以上の熱水の中でも死なない。われわれの周囲に見られる進化したバクテリアは熱に弱く、熱湯消毒で殺されるのとえらい違いである。好熱菌と総称される原始的なバクテリアは、今でも高温の温泉中で生きている。

　バクテリアだけの時代は、今から20億年前に真核生物が出現するまで続いた。バクテリアの細胞は核をもたず、細胞の中に目立つ構造物をもっていない。いくつかのバクテリアが合体して共生を始めた結果だという話を書いているが、真核生物は、別の項で（32ページ「真核生物はどのようにして誕生したか」参照）、そこに至るまで18億年もかかっているということは、バクテリアから真核生物への進化は失敗の連続だったのだろう。真核生物が出現しても、多細胞生物が出現するまでに、さらに14億年もかかっている。複雑な生物を作るのがいかに大変だったかよく分かる。

史上最大の生態系破壊者とは何か

現在、人類は自然環境をどんどん破壊して野生生物のいくつかの種は絶滅に追い込まれている。トキとかサイとかいった目立つ動物が絶滅危惧《きぐ》種として話題になることが多いが、一番たくさん絶滅しているのは熱帯降雨林の小さな昆虫たちだろう。アメリカの昆虫学者、テリー・アーウィンの推定によれば、熱帯降雨林には約3000万種の節足動物が生息しているという。そのうちの8割は昆虫なのだ。

これらの昆虫たちの多くは、熱帯降雨林に広く分布するわけではなく、ある特定の林に局所的に分布しているので、その林が伐採されれば絶滅してしまう。記録されている種（科学界に登録されて学名が付いている種）は全生物合わせて200万程度しかいないので、多くの種が人類に知られることなく絶滅していることだろう。もちろん、他の野生生物との競争に敗れて絶滅する種もいるわけで、人類の活動だけが野生生物の絶滅原因ではないけれど、種多様性の最大の破壊者が現在は人類であることは間違いない。

ところが、生物の進化史をさかのぼると人類とは比較にならない大破壊者がいたのである。シアノバクテリアである。

この地球上に生物が出現したのは約38億年前といわれている。その頃の地球には海洋はあったが、大陸はまだなく、大気は主に大量の二酸化炭素と水蒸気で構成され、酸素はほとんど存在しなかった。原始の生物はすべてバクテリアで海底で暮らしていたようだ。地球の表面には、太陽と宇宙からＤＮＡを破壊する放射線や紫外線が降り注ぎ、細菌類は海の表面に浮上するや、たちまち殺されてしまったと思われる。

現在、ほとんどの生物は光合成生物が作り出す有機物を栄養源として生きている。ところが、原始の細菌たちは海底火山から噴き出る硫化水素などの化学物質をエネルギー源にして有機物を作り出していて、太陽光は必要ないばかりかＤＮＡを破壊する有害要因だったのだ。しかし、今から約29億年前に地球に強力な磁場が出現するにおよび、話は変わってきた。磁場は有害な放射線をブロックするので、細菌たちが海の表面に浮上しても殺されることはなくなったのだ。しかし、そこにはエネルギー源がない。満ちあふれる太陽光をエネルギー源としたらどんなにすばらしいだろうと人間ならば考える。細菌は考えないが、考えなくとも実行に移した奴《やつ》がいたのだ。これがシアノバクテリアである。

このバクテリアは水と二酸化炭素を原料に太陽光をエネルギー源として、有機物を作り出したのだ。すなわち進化史上初の光合成生物の誕生である。光合成の副産物は酸素である。シアノバクテリアは大成功を収め、大量の酸素を海中に放出し始めた。しかし、酸素は猛毒で、酸素を無毒化する装置を持たなかった当時の大部分の細菌は大絶滅を余儀なくされたに違いない。やがて酸素を無毒化する能力とともに酸素を呼吸に利用する生物が現れ、その末端に人類がいる。シアノバクテリアの大規模な環境改変に比べれば、人類の環境破壊などたかが知れているのだ。

サンゴはなぜ色とりどりなのか

少し前に八重山諸島のパナリ島という小島にシュノーケリングに行った。沖縄でも本島や石垣島の海岸線のサンゴ礁《しょう》は傷《いた》みが激しく、サンゴの死骸《しがい》の中にポツンポツンと生きたサンゴが点在しているといったところが多いのだが、ここのサンゴ礁は見事で、海底が90～100％サンゴにおおわれている場所も普通に見られた。茶、紫、緑、ピンクなど色とりどりのエダサンゴの群落の中にテーブルサンゴやノウサンゴが混ざり、その上を魚たちの群れが行き交う様は、地上の風景を見慣れた目にはパラダイスのようだが、そこに生きる生物たちは食うか食われるかの瀬戸際《せとぎわ》で毎日暮らしているわけで、パラダイスどころの話ではないのだろう。

私はシュノーケリングの最中に魚に耳たぶをかじられてそのことを実感した。モンガラカワハギの写真を撮っていたら、右の耳たぶに何者かがかみついていた。結構痛くて二つの傷からは血が出ていた。私の周りで群れていたクロスズメダイにかみつかれたに違いない。ピラピラしていた耳たぶが何かおいしそうなエサに見えたのだろう。この魚にとって私は、食べようとした生涯最大のエサだったに違いない。よほど腹が減っていたのだろう。サンゴ礁で生きるのも難儀なことである。

ところで、サンゴ礁の色とりどりの色は実はサンゴと共生しているゾーザンテラという単細胞の藻類の色なのだ。この藻類は光合成の能力を持ち、光を使って水中の二酸化炭素と水を原料に炭水化物を作っている。炭水化物はサンゴの栄養分となり、サンゴは自身で動物性の栄養を取るだけでは足らず、ゾーザンテラなしには生きられない。

一方、ゾーザンテラもサンゴと共生することによって、他の生物に食べられるのを防いでいる。というのはサンゴは毒針のある刺胞《しほう》を有しているからだ。だからこの二つの生物は相利共生の関係にあるわけだ。

近年、世界各地でサンゴの白化が問題になっているが、これはサンゴが死滅して炭酸カルシウムの骨格だけになる現象だ。ゾーザンテラが死滅することが原因だといわれている。ゾーザンテラは水温が摂氏30度を超えると死滅する確率が高くなり、また水が濁っても透過光が弱くなり死滅しやすくなる。

海水温の上昇は地球温暖化が原因だと信じる人が多いが、１９９８年と２００７年に沖縄で起きた大規模な白化現象の直接的な原因は局地的な海水温の変動によるもので、それ以上に海洋が汚染されて透明度が落ち、光合成能率が低下したことによるものだろう。

サンゴ礁は海底の総面積の１％に満たないが、海水魚の65％が生息し、全海底生物の４分の１を擁し、生物多様性の保全の観点からは、陸上における熱帯降雨林と並び称される種の宝庫なのだ。サンゴの起源は従来３億年前に遡《さかのぼ》るとされていたが、最近の研究では約５億年前にイソギンチャクとの共通祖先から分岐したことが、ＤＮＡの解析から判明したようだ。

ホモ・サピエンスが出現したのが、たかだか16万年前であることを考えると気が遠くなるような大昔である。もちろんその頃、魚はいなかった。

寄生虫の謎

昔の人はだいたい寄生虫にたかられていて、私も小学生のときに、腸の中は回虫のパラダイスだったようで、糞便《ふんべん》検査のたびに陽性でいつも駆除薬を飲まされていた。アレルギーの原因となる、ＩｇＥ（イムノグロブリンＥ）と呼ばれる抗体は本来は対寄生虫用の武器だったみたいだ。

今の若い人は寄生虫にたかられることはめったにないので、ヒマになりすぎたＩｇＥが花粉などを攻撃してアレルギーを引き起こしているらしい。小人閑居して不善をなす、の典型だ。私が花粉症にならないのは小さいときに寄生虫にたかられていたせいかもしれない。

大量の回虫が体内にいるとややこしいことになるが、少数ならばむしろ人体に有益と説く人もいる。しかし、人間以外の動物に取りつく寄生虫のなかにはとんでもない奴もいる。カタツムリに寄生するロイコクロリディウムという吸虫類の一種は、カタツムリを中間宿主に鳥を最終宿主にしている。

すなわち、鳥の中で成虫になった寄生虫は鳥の体内で卵を産み、卵は糞と一緒に排出される。卵は鳥の糞を食べたカタツムリに取り込まれ、カタツムリの体内で幼生に変身する。そしてカタツムリを食べた鳥の体内で成体になり、再び同じサイクルを繰り返す。

このサイクルがうまく回るためには、寄生虫にたかられたカタツムリが首尾良く鳥に食べられる必要がある。ただし、カタツムリは、普段、そんなに目立たないので、鳥に食われるとはかぎらない。

それでは寄生虫は困る。そこで寄生虫はとんでもない裏ワザを編み出したのである。この寄生虫にたかられたカタツムリは、鳥に食べられやすくなるように、形態や行動が変化するのだ。

カタツムリの体の中で大きくなった幼生はカタツムリの触角の中にもぐり込む。すると触角はあたかもイモムシのようになり、カタツムリは目立つところに移動して、触角を動かし鳥の気を引くのだ。カタツムリは鳥に食べられたら死んでしまうのだけれども、寄生虫に操られていてどうすることもできないようだ。

この寄生虫、間違って人間が食べると、時に脳に入り、死に至ることもあるという。カタツムリは間違っても生で食べてはいけません。

最近ブラジルから発見された昆虫寄生菌もホストの昆虫を操ることがわかって、発見した科学者を驚かせている。この昆虫寄生菌はオフィオコルディケプスという舌をかみそうな名をもち、アリの頭部から柄を生やして、胞子をまき散らす。もちろん寄生されたアリは死んでしまう。

何がすごいって、この菌は感染したアリの脳を操作し、胞子が最もうまく拡散する場所までアリを歩かせるのである。菌に取りつかれたアリは、あたかもゾンビのように菌の繁殖に最適な場所を求めて歩き続け、そこで絶命するのだ。

しばらくすると、絶命したアリの頭部からキノコが生えてくる。冬虫夏草といって昆虫に寄生するキノコは日本でもよく知られているが、昆虫の脳を操るキノコというのは驚きである。もしかしたら、人間の脳を操るキノコも存在していて、実は操られているヒトもいるのかもね。

真核生物はどのようにして誕生したか

別項で（79ページ『不老不死』は可能か」）、2n（接合体）の生物個体は必ず死ぬという話を書いている。セックスがなければ2nの個体はできないので、生物が死すべきものになることもなかったのだ。生物はセックスを始めるようになって、死を免れなくなったわけだ。人間界でもセックスの最中に「死ぬー」と叫ぶご婦人が時々いるそうだが（まあ、すぐにケロッと生き返るんでしょうが）、それはともかく、セックスと死と再生は密接に関連していることは確かだ。

生物がセックスと死を獲得するまでには長い歴史があった。単細胞のバクテリアが誕生したのが38億年前、それから18億年の間、地球上にはバクテリアしかいなかったのだ。

バクテリアの細胞は単純で、セックスは不可能だ。セックスができるようになるには複雑な真核生物になる必要がある。現在知られている最も単純な真核生物は、単細胞の原生動物と藻類。そこから多細胞生物が生じた。

バクテリアからどのようにして真核生物が進化したかは長い間謎であった。生物は遺伝子の突然変異と自然選択により徐々に進化するという説（ネオダーウィニズム）が主流だった頃、多くの生物学者は、バクテリアが徐々に複雑になって真核生物に進化したと信じていた。しかし、その具体的なプロセスを示す証拠は全くなかった。

そこに登場したのが、米国の女性生物学者リン・マーギュリスだった。彼女は、真核生物の細胞内に見られるミトコンドリアや葉緑体（これは植物細胞にのみ見られる）は、本来は別の生物だったものが、細胞内に入ってきて共生したものだとの細胞内共生説を唱えたのだ。

ネオダーウィニズムに立脚する当時の主流の生物学者たちは、彼女の説をバカげた妄想として取り合わず、共生説を提唱した論文は15回もの掲載拒否の憂《う》き目にあい、16回にしてやっと「理論生物学雑誌」に掲載された。１９６７年のことだ。

共生のきっかけは、大きなバクテリアが小さなバクテリアを食べようとして細胞内に取り込んだが、消化することができなくて、さりとて小さなバクテリアの方も大きなバクテリアを殺すことができなくて、始まったのだろう。いわばアクシデントが進化の原因なのだ。突然変異と自然選択だけが進化の原因だと主張していたネオダーウィニストが無視したくなる気持ちもよくわかる。

しかし、その後、好気性細菌の中にはミトコンドリアに似たものがあることが判明したり、葉緑体のDNAはシアノバクテリアによく似ていることが解明されたりして、共生説はほぼ正しい説として広く認められるようになった。

後年有名になったマーギュリスは、ネオダーウィニストの大立者がそろったあるシンポジウムの講演で、「理知的に考えるなら、ネオダーウィニズムはアングロサクソンの宗教的偏見から生じた20世紀の弱小学派として忘れ去られるべきである」と述べて積年の恨みを晴らしたらしい。

マーギュリスは2011年に亡《な》くなった。共生説はノーベル賞級の業績だが、ノーベル賞をもらえなかったのは、晩年、9・11の同時多発テロをアメリカ政府は事前に知っていたという、いわゆる陰謀説に加担して、学者仲間に疎《うと》まれたせいだと思う。学者の世界もなかなか大変なのだ。

シーラカンスはなぜ進化しないのか

シーラカンスといえば生きている化石としてあまりにも有名である。原始的な硬骨魚類のグループでデボン紀末（約3億6000万年前）に出現した。古生代から中生代末まで栄え、たくさんの化石種が見つかっている。

すべての生物種は寿命を持ち、長くて数百万年しか存在できない。ある種は新しい種を生み出す母種になって、ひとつ以上の種に変化するが、ある種は別種に進化できずに絶滅する。

シーラカンスは中生代末に恐竜と運命を共にして絶滅したと思われていたが、1938年に南アフリカの東海岸で現生種のシーラカンスが見つかり、世界は騒然となった。

この現生種は、現地の漁民が獲《と》った魚の中からこの貴重な魚を見つけたコートネイ

＝ラティマーにちなんでLatimeriaという属名を与えられ、獲れた場所がチャルムナ川の沖だったことから、種小名はchalumnaeとして、Latimeria chalumnae J. L. B. Smith, 1939という学名で、正式に記載された。J. L. B. Smithは記載者（新種として記載論文を書いた）で、1939は記載年である。いわゆる新属新種ということになる。

学名というのは、国際命名規約にのっとっていれば、記載者が自由につけることができる。私も2001年にTsujius itoiという名で新属新種のカミキリムシを記載したことがある。最初に採集したのが辻栄介君で、次に採ったのが伊藤秀史君。両名とも私のかつての教え子で二人は同級生である。本州からの新属新種のカミキリムシの発見は50年ぶりであった。学名は不滅なので自分の名前が冠せられるのは名誉なことだ。

シーラカンスはその後、インド洋の西に広く分布していることが分かり、さらにインドネシア近海から別種が発見され、現生種は2種になった。現生種はもちろん化石種とは異なる種であるが、化石種とあまり形態が変わらず、進化スピードが遅いのではないかと思われていた。

最近、現生種のシーラカンスのゲノム（遺伝情報）が解読されてその謎が解けた。東京工業大学の岡田《おかだ》典弘《のりひろ》名誉教授のグループが、先に述べた2種の現生種のシーラカンスのゲノムを解読した結果、この2種は3000万年前に分岐したと推定されるが、DNAの塩基配列はわずか0・18%しか違わなかったという。

ヒトとチンパンジーは約700万年前に分かれて、DNAの塩基配列の違いは1・23%(最近の研究では5%以上違うという報告もある)である。単純に計算しても、シーラカンスの進化速度はヒトやチンパンジーの30分の1であり、ヒトとチンパンジーのDNA配列の違いが5%もあれば、120分の1ということになる。環境が安定していて進化する必要がなかったと考える学者もいるが、私はゲノムの構造が安定していて、進化したくてもできなかったんだと思う。

進化速度が遅いばかりでなく、寿命もむやみに長いようで、100歳は軽く生きるのではないかといわれている。ひょっとすると300歳くらい生きるかもしれない。うらやましいと思う人もいるでしょうが、ヒトはゲノムの構造上120歳までしか生きられないので仕方ないよ。それとも300歳まで生きられるのなら、シーラカンスになりたいですか。

哺乳《ほにゅう》類はなぜ長生きできないのか

前項（「シーラカンスはなぜ進化しないのか」）で、シーラカンスは長生きするらしいという話を書いた。脊椎《せきつい》動物では魚類や爬虫《はちゅう》類に長命な動物が多いが、哺乳類にはあまり長生きする奴はいない。

ヒトは最長で120年生きるが、これは哺乳類としては例外的に長生きである。哺乳類の種の寿命は一般的には体の大きさに比例するが、最大の陸上哺乳類であるゾウでさえ、ヒトほどは長生きはしない。

2013年に名馬トウカイテイオーが死んだが、享年《きょうねん》は25であった。父は日本競馬史上最高の名馬といわれたシンボリルドルフ。享年は30。シンボリルドルフに勝るとも劣らない名馬シンザンは35歳。これは競走馬で2番目の長寿記録である。ウマはヒトよりはるかに大きいが短命である。

イヌを飼ったことがある方ならご存じだと思うが、小学生の時、親にせがんで買ってもらった子犬は、最初の5年ぐらいは元気ではつらつとしているが、高校生になる頃にはうとうと眠ってばかりとなり、大学を出る頃には老いぼれてしまう。

イヌの最長寿命は20年である。自分はまだ若く、結婚していないというのに、つい最近まであんなに愛くるしかった愛犬が、毛は抜けて目はしょぼくれて、脚は曲がってヨタヨタしているのを見ると、イヌは何でこんなに早く年を取ってしまうのだろうとの感慨に襲われたことがある人も多いだろう。

動物の最長寿命はほぼ遺伝的に決まっているのだ。寿命を決める遺伝的な要因はいくつもあるようだ。そのひとつは、テロメアである。染色体の末端はテロメアと呼ばれる独特なDNA配列から成っているが、細胞分裂のたびに少しずつ切れて、ヒトでは50回分裂するとなくなってしまう。

この分裂限界のことを、発見者の名前にちなんでヘイフリック限界と呼ぶが、寿命の長い動物はヘイフリック限界が大きく、短い動物は小さいことが分かっている。200年生きるガラパゴスゾウガメのヘイフリック限界は100回、ウマは30回、ウサギは20回、マウスは10回である。それに応じてウマの最長寿命は46年、ウサギは10年、マウスは3年である。

寿命を決めている遺伝的な要因はヘイフリック限界だけではない。脳細胞や心筋細胞は基本的に成人になった後では分裂しないからテロメアは切れないが無限に生きられるわけではない。細胞の中にさまざまな老廃物がたまってきて機能不全を起こし、最終的に死に至る。寿命が短い動物は、老廃物を取り除くメカニズムが寿命の長い動物に比べ遺伝的に劣っているのだろう。

ヒトの早老症のひとつに、ハッチンソン・ギルフォード・プロジェリア症候群と呼ばれるものがある。ヒトの一番染色体上にあるラミンA遺伝子の異常により発症する優性の遺伝病で、発症確率は約400万人に1人という珍しい病気だ。この病気の患者は健常な人の10倍近く速く老化すると考えられ、平均寿命は13歳である。遺伝的欠陥により代謝異常を来《きた》し、動脈硬化や高コレステロール血症、糖尿病、白内障などを促進するようだ。哺乳類の中で例外的に長生きできる普通の人は幸運と思わなくちゃね。

哺乳類より魚類や爬虫類の寿命が長いのはなぜか

哺乳類の寿命は魚類や爬虫《はちゅう》類に比べて相対的に短い。哺乳類の最大寿命はヒトやシロナガスクジラの120年だが、魚類の寿命は前に紹介したシーラカンス以外でもコイは100年を超えるといわれている。爬虫類でもガラパゴスゾウガメやワニでは200年に達する個体がいる。

なぜ、一般的に哺乳類よりも魚類や爬虫類の寿命の方が長いのだろう。

なぜという問には二つの答え方があって、一つはテロメアの切れる速度が違うとか、細胞内に老化物質が蓄積する速度が違うといった生理学的な至近要因で説明するやり方。もう一つは、進化的、生態的な背景といった進化要因（究極要因）から説明するやり方である。本項では後者の見地から説明してみよう。

哺乳類は子宮の中で子を育てる方法を採用した特殊な脊椎動物だ。他の動物に比べて子の数は少なく、子の生存率は高い。少数の子を大事に育てるように進化した動物だ。一方、魚類や爬虫類は卵生で、たくさんの卵を産むが生存率は低い。いわば数打ちゃ当たるやり方だ。

たとえばマンボウは3億個の卵を産むといわれている。私が学生だった頃の教科書には2億と書かれていた。数えた人がいたのだろうか。3億の卵がすべて親になったら大変である。2世代後には10京（1兆の10万倍）近くになり、3世代後は数えきれず、海はマンボウで埋め尽くされることになろう。

そうはならないのは、ほとんどの卵は親になれずに死ぬからである。マンボウの数が安定していると仮定すると、生存率は1億5000万分の1、生き残るのは奇跡に近い。逆にいえば生き残った親は種の生存にとって極めて貴重なのだ。早く死んでもらっては困る。できるだけ長生きして卵を産み続けてほしい。

ウミガメの子が浜近くで卵からかえって、海に走っていく様子がよくテレビなどで放映されるが、待ち構えていた鳥たちにどんどん食べられていく。ところが、大きく育ったウミガメは無敵で、マッコウクジラでさえウミガメの親は食べない。もし万一食べると、消化する前に胃壁を食い破られるといわれている。ウミガメの親はめったに死なず長生きするようにできているのだ。

一方、哺乳類は子を一人前に育てれば、親は種の生存にとってそれほど重要ではない。種の生存という観点からすると、子育てを終えた親は速やかに死んだ方がいいのだ。だから哺乳類は繁殖年齢を過ぎるとあっという間に老化するようにできている。歯、目、マラということばがあるように、生殖能力はもちろんのこと、歯も目も急激に悪くなる。

哺乳類は永久歯が抜けたら二度と生えてこない。歯が大部分抜けると個体は生きることが難しくなる。ところが、爬虫類では歯が何回も生えてくるのが普通だ。前者は早く死んだ方がいい動物、後者は長生きした方がいい動物だ。いいというのはもちろん種の生存にとってという意味だ。種にとって不要な老人がむやみに長生きすると、若者の食べ物が減るというデメリットもある。

それでも個人としては入れ歯を付けて老眼鏡をかけて、自然の摂理に逆らっても生きたい。困った動物だよ、人間は。

植物が動物より長生きなのはなぜか

前項は長生きする動物の話だったけれど、本項では植物の話をしよう。植物は動物よりはるかに長生きである。春蘭《シュンラン》というあまり目立たない草がある。日本ではジジババとかホクロとか呼ばれ、山野に普通に自生する。

これが半端《はんぱ》じゃなく長生きなのである。草の寿命などたかが知れているだろうと多くの方はお思いでしょうが、春蘭は200年以上生きるのだ。最長寿命がどのくらいかはいまだに分かっていない。

中国では清《シン》の時代から、変わり物の春蘭を愛《め》でる風習があり、特に花形が変わっているものを珍重した。中に宋梅《ソウバイ》という名花があり、乾隆《けんりゅう》年間（1736〜1795年）に発見され、現在も日本や中国で広く栽培されている。この蘭は少なくとも220年は生き続けていることになる。

実は私の蘭棚にも1株あるが、栽培がうまくなくめったに咲かない。手入れさえちゃんとしてやれば、私が死んだ後も長く生き続けるに違いない。果たしていつまで生きるのだろうか。

数年前に鎌倉《かまくら》の鶴岡八幡宮《つるがおかはちまんぐう》の大銀杏《イチョウ》が倒れたことがあった。私は前の日に女房とこの樹《き》を見た。そのとき私はこの樹は近いうちに倒れると予言した。その日の夕方からみぞれまじりの強風が吹き、次の日の未明、大銀杏は倒れた。女房はびっくりしたようであるが、私は大銀杏が大きく斜面の下側に傾き、反対側の根元の土がかすかにひび割れていたのを見逃さなかっただけである。

自慢話だと思ってくれてもいいが、この樹は源実朝《さねとも》を暗殺すべく公暁《くぎょう》が隠れていたとの伝説のイチョウであり、樹齢は800年とも1000年ともうたわれていた。倒れた当時、回復は不可能だろうといわれていたが、私は根から新芽が吹いてくるだろうと思っていた。広島の原爆で黒こげになったイチョウが3年後に芽が吹いて生き返ったという話を聞いていたので、倒れたくらいではイチョウは枯れないよと思ったのだった。

植物は不死身なのだろうか。屋久島の縄文杉は1966年に発見された当初は樹齢4000年といわれ、その後7000年とも8000年ともいわれていたが、実際は

３０００年前後らしい。屋久島では６３００年前（７３００年前という説もある）、幸《こう》屋《や》火砕流が全島を襲い、植物は全滅したと考えられているので、それより古い樹は存在しないのだ。

　それでも長寿であることは確かだ。貧栄養の花《か》崗《こう》岩の上で育つので成長速度が遅いのが長寿の原因らしい。同じ杉でも本土の杉はせいぜい１０００年しか生きないのは成長が速いからのようだ。生き急いではダメなのだ。

　屋久杉の上をいくのはスウェーデンで発見されたドイツトウヒで約１万年の長寿を誇っている。画像を見る限り貧弱な樹だ。樹を形成している細胞の系列が１万年前から続いているらしい。植物細胞はテロメラーゼ（テロメアを伸ばす酵素）が活発化していて細胞分裂の回数に限度がないことと、個々の細胞の分化の度合いが低く、幹から根や葉へ、根から幹や葉への変身が容易なことが長寿の原因のようだ。動物はシステムが複雑すぎて器官がひとつ不具合になれば死んでしまうが、植物は体の一部から全部を再生できるのだ。

恐竜の謎

中生代は恐竜の時代だった。ユカタン半島に衝突した巨大隕石《いんせき》によりすべての恐竜が滅びた後は哺乳類の天下となり、時代は新生代に移った。中生代の終わりすなわち白亜紀末の6500万年前にすべての恐竜が一気に滅びたわけではもちろんない。多くの恐竜はそれよりずっと以前に滅んでいる。

白亜紀の最後まで生きていた恐竜で最も有名なのはティラノサウルスとトリケラトプスであろう。これらの恐竜も長い間生存していたわけではなく、白亜紀のごく末期に現れ、300万年ほど生存していたに過ぎない。昔、巨大隕石の落下を眺めているトリケラトプスという想像図を見たことがあるが、この大絶滅に立ち合った恐竜種はそれほど多くない。

恐竜は二つの大きなグループの竜盤目《りゅうばんもく》と鳥盤目《ちょうばんもく》に分けられ、これらは同じ共通祖先から分かれたと考えられている。恐竜は専門用語で単系統と呼ばれる、他の爬虫類《はちゅうるい》からは系統的に区別できるまとまったグループなのだ。

最初の恐竜が出現したのは三畳紀後期の2億2800万年前のことだ。エオラプトルと名づけられた最古の恐竜は体長1メートル。われわれが抱く恐竜というイメージからはほど遠い。6500万年前に絶滅するまで、1億6000万年以上もの間、恐竜は地上を闊歩《かっぽ》していたことになるが、この間多くの種が現れては消え、また現れては消えていった。

恐竜といえば、肉食というイメージが強いが、肉食恐竜は竜盤目の中の獣脚類《じゅうきゃくるい》というグループだけだ。先に述べたティラノサウルスやアロサウルスなどが有名な種類である。この二つの肉食恐竜の見かけはよく似ていて、近縁には違いないが、出現した時期ははるかに離れている。

ティラノサウルスが6800万年〜6500万年前に生存していたのに対し、アロサウルスは1億5500万年〜1億4500万年前に生存していた。アロサウルスが絶滅してティラノサウルスが出現するまでの期間は7700万年。ティラノサウルスが絶滅して最古の人類サヘラントロプス・チャデンシスが出現するまでの期間は5800万年であることを考えると、同じタイプの恐竜がいかに長く栄えていたかが分かる。

竜盤目のもう一つのグループである竜脚類《りゅうきゃくるい》はディプロドクス、ブラキオサウルス、アパトサウルス、カマラサウルスといった巨大恐竜を擁する。これらの巨大恐竜の体重は30トンから50トンに達したと考えられている。この4種が生存していたのは1億5000万年前頃のジュラ紀後期。現在の北アフリカの西部には何種もの巨大恐竜が同時に生きていたのだ。

史上最大の恐竜と目されているのはアルゼンチノサウルスで、その体重は100トンに達する。この恐竜の化石は南アメリカ大陸から出土したもので、白亜紀の前期（約1億年前頃）に生存していた。先に述べた巨大恐竜が絶滅したずっと後で出現した。この仲間も白亜紀末まで生き延び最後に滅んだのはサルタサウルス。この仲間の生存期間は何と1億3000万年にも達するのだ。現生人類（ホモ・サピエンス）はほんの16万年前に現れたことを考えれば、気が遠くなるほどの時間だ（ごく最近、モロッコから見つかったヒトの化石は約30万年前のものに違いないとの報告がある［J-J. Hublin et. al., Nature 546, 2017］が、真のホモ・サピエンスかどうかについては議論がある）。

爬虫類はなぜ多様なのか

前項で、恐竜は他の爬虫類《はちゅう》とは系統的に区別できるまとまったグループ（単系統）であると述べた。母体の爬虫類は極めて多様なグループで、鳥類も哺乳類も爬虫類から派生して特化したグループなのだ。

爬虫類は頭蓋骨《ずがいこつ》の側頭部に穴が何個開いているかによって三つの大きなグループに分かれる。穴が開いていないのを無弓類《むきゅうるい》、穴が一つしか開いていないのを単弓類《たんきゅうるい》、穴が二つ開いているのを双弓類《そうきゅうるい》と呼ぶ。

かつて、カメは無弓類の代表と考えられていたが、DNAの解析から、穴がなくなったのは二次的なもので、実は双弓類の仲間だということが分かっている。真正の無弓類は古生代の石炭紀やペルム紀に栄えたグループで絶滅して久しい。

単弓類は石炭紀後期に出現したもので、ペルム紀から中生代三畳紀に栄え、恐竜が覇権を握るまでは陸上生態系のトップに君臨していた。恐竜がわが物顔で歩いていた中生代のジュラ紀から白亜紀までは雌伏の時代だったが、恐竜が滅んで新生代に入るや爆発的に多様化して現在に至っている。

これが今の哺乳類である。哺乳類は単弓類という爬虫類の1グループが徐々に進化して特化したもので、系統的には爬虫類の一部といってよい。無弓類と単弓類を除く残りの爬虫類はすべて双弓類であり、したがってわれわれが知っている爬虫類もまたすべて双弓類に属する。

ちなみに弓とは側頭部の穴の下の骨が弓のような形をしていることにちなみ、穴が一つだとこの弓も一つで単弓、穴が二つだと弓も二つで双弓というわけだ。

哺乳類がシステムに強く拘束されたグループであることは、哺乳類の首の骨（頸《けい》椎《つい》）がごくわずかの例外を除き7個と決まっていることからも分かる。首などないように見えるクジラも、首が長いキリンも、頸椎は7個なのだ。

それに対し、爬虫類の頸椎は融通無碍《ゆうずうむげ》で、普通の爬虫類（カメ、トカゲ）では8個だが、ティラノサウルスは9個、ステゴサウルスは15個、マメンチサウルス（ジュラ紀後期に中国大陸に生息していた巨大竜脚類の一種）は19個、首長竜のプレシオサウルスは32個、同じく首長竜のエラスモサウルスに至っては76（79という報告もある）個もある。

キリンが首を曲げて地面の上の物を食べているのを見ると、いかにもぶきっちょに見えるが、魚を追っているエラスモサウルスの首はムチのようにしなやかに動いたはずだ。

ところで、首長竜も恐竜ではない。ネス湖に棲《す》んでいたとされるネッシーは幻の動物だったが、恐竜の生き残りだと信じた人も多かったと思う。あるいはイルカに形がそっくりな魚竜も恐竜ではない。最も有名な魚竜の一種であるイクチオサウルスの想像図を見ると、イルカかカジキマグロによく似ている。系統がはるかに違っていても、生態が同じであると、形態もよく似てくる現象を収斂《しゅうれん》と呼ぶが、形態が同じようになるためには、その形態を作るポテンシャルがなければならない。爬虫類はポテンシャルが高く、形態の多様性の幅は極めて広い。恐らくシステムの拘束性が強くなく、遺伝子の使い方が自由自在なのだろう。

恐竜はなぜ巨大化したのか

恐竜の話を少し補足したい。

恐竜は竜盤目と鳥盤目に分かれる話はすでに書いたが、鳥盤目の話はまだあまりしていない。この二つのグループは何が違うのかといえば、骨盤の形が異なるのだ。骨盤は腸骨と恥骨と坐骨《ざこつ》で形成される。竜盤目では恥骨と坐骨の位置が90度を成している。鳥盤目ではこの二つの骨はほぼパラレルに位置している。

そう書いただけでは何のことかよく分からないと思うが、腸骨は骨盤の上部を成し、その下の前方に恥骨、後方に坐骨があるとイメージしていただければ少しは理解可能かもしれない。ちなみに哺乳類の骨盤も同じく三つの骨から成るが、形は全く異なる。

鳥盤目は竜盤目より多様性に富んだグループで、剣竜類《けんりゅうるい》（ステゴサウルスの仲間）、曲竜類《きょくりゅうるい》（アンキロサウルスの仲間）、鳥脚類《ちょうきゃくるい》（イグアノドンの仲間）、角竜類《つのりゅうるい》（トリケラトプスの仲間）などに分類される。鳥盤目はジュラ紀後期から出現したが、その多様化は白亜紀に入ってからである。

『ジュラシック・パーク』という有名な映画のせいか、恐竜というとジュラ紀に最も栄えたと思われがちだが、大半の恐竜は白亜紀に現れたのだ。鳥盤目のなかで最も早くから栄えたのはステゴサウルスで体長7メートル、背中に特徴的な板を持ち、尾の先に長さ90センチほどの4本のスパイクを備えていた。

これは、当時、一緒に住んでいたアロサウルスなどの肉食恐竜から身を守る武器であったろうことは容易に察しがつくが、板の役割は諸説あってよく分からない。体温を調節していたという説や求愛に使っていたという説が有力だが、本当のところはよく分かっていないのだ。

恐竜の化石は骨しか出ないので、行動や体の色や模様はほとんど不明なのだ。復元図の恐竜には赤茶色のものが多いが、実は水玉模様の恐竜もいたかもしれないのだ。もっと分からないのは、恐竜は変温動物か恒温動物かという点だ。

アメリカの古生物学者、オストロムやバッカーが、少なくとも恐竜の一部は恒温動物であると主張して議論になったのはだいぶ前だが、体の大きな恐竜はひとたび体温が上昇すると下げるのはむしろ大変。現在よりはるかに高温だったジュラ紀後期から白亜紀にかけては、巨大恐竜は哺乳類のように積極的に恒温を保たなくとも、結果的には恒温動物であったのかもしれない。

もうひとつの問題は、恐竜はなぜ巨大だったのか、ということだろう。現在、最も巨大な陸上動物のゾウの体重はせいぜい13トンであることから考えても、最大の恐竜アルゼンチノサウルスの100トンは恐るべき重さだ。軍拡競争という説があって、肉食恐竜に食べられまいとして、草食恐竜は大きくなり、大きくなった草食恐竜を食べようとして肉食恐竜も大きくなり、その追いかけごっこの果てにどちらも巨大化したとの説だ。

しかし、私はジュラ紀と白亜紀の植物の生産性が高かったのが真の原因だと思う。CO_2の濃度は5倍近く、気温は6度も高かった。光合成の速度はCO_2濃度と気温と水で決まるので、草食恐竜が食べても食べても、植物はすぐに生えてきた。温暖化は悪いことではないのだ。

熱帯に昆虫が多いのはなぜか

別項でボルネオに虫採りに行った話を書いた（215ページ「蛾《ガ》や蟬《セミ》はなぜ『飛んで火に入る夏の虫』なのか」）。熱帯は温帯に比べて生物種の数が多い。熱帯の昆虫の種類がどのくらい多いかを調べた人がいる。別の項（23ページ「史上最大の生態系破壊者とは何か」）でも紹介したテリー・アーウィンというアメリカの昆虫学者だ。彼はパナマの熱帯林でシナノキ科のルーエア・セエマニイという学名がついた木を選び、その下に1メートル幅のじょうごを敷きつめた。明け方最も風が弱くなった頃を見計って、下から強力な大砲で殺虫剤を木の梢《こずえ》めがけて吹きつけ、木についているすべての節足動物をじょうごの上に落とした。じょうごの下にはアルコールの入ったびんが設置してあり、落ちてきた節足動物はアルコールで固定された。

アーウィンはこの中から甲虫《こうちゅう》を選び、この木にだけ棲《す》み、他の木からは見つからない甲虫の種数を163種と推定した。熱帯には約5万種の樹木があり、もし、この木ルーエアが熱帯の木の典型ならば、各々《おのおの》の木にはルーエアと同じくらいの固有の甲虫が棲息《せいそく》するはずだ。すなわち、熱帯林の林冠《りんかん》にいる甲虫種は5万×163＝815万となる。甲虫は節足動物の40％を占めるので林冠の節足動物種は約2000万となる。さらに林床には林冠の約2分の1の種がいると考えられているので、熱帯林の節足動物の総数は約3000万となる。この推定は極めてどんぶり勘定ではあるが、膨大な種数の節足動物が熱帯林にいることは確かだ。私個人はこの推定値はやや過大で、実際はせいぜい1000万種くらいだと思っている。まあそれにしても膨大な数だ。

ところで、その中のどのくらいの種数に名前がついているかというと全生物合わせても175万種である（2008年時点の数で、今はもう少し多い）。そのうち昆虫が最多で95万、高等植物27万、昆虫以外の動物35万（うち哺乳類5000、鳥類9000）。哺乳類や鳥類は今後新種（未記載種）が見つかることはほとんどないだろうし、高等植物もほぼ解明されている。新しく見つかるのはほとんどが無脊椎動物で、その大半が昆虫だ。

昆虫の中で特に多いのが甲虫類で、全動物の4分の1は甲虫（鞘翅目《しょうしもく》）で、アリ、ハチ（膜翅目《まくしもく》）とチョウ、ガ（鱗翅目《りんしもく》）が8分の1ずつ。この三つの目だけで全動物の半分を占める。いかに昆虫の種多様性が高いかが分かる。イギリスの生物学者ホールデンが「神様は甲虫をことのほか愛している」と言ったのもうなずける。

本当に世界に1000万種もの生物がいるとしたら、熱帯林の林冠には未記載種がたくさん棲んでいることになる。疑問は二つ。一つはなぜ熱帯にはこれほどたくさんの生物種がいるのか。もう一つはなぜ昆虫にはこれほどたくさんの種がいるのか。

最初の疑問に対しては熱帯は過去数億年にわたって氷河に被《おお》われたことがなく、種多様性が頂点に達しているという説が最も有力だ。生物は好適な環境下では種数が増加すると考えられるが、温帯では氷河に完全に被われると多くの動植物は絶滅するので、種数は頂点に達していないのだ。第二の問は難問で、昆虫はスペシャリストが多く、限りある資源を多くの種で分かち合っているからだと考えられるが、なぜ昆虫だけがそうなのかはよく分かっていない。

昆虫の進化の謎

現生の昆虫種は知られているものだけでも95万種、未知のものを含めれば1000万種近くになるだろうという話はすでにした。昆虫はヒエラルキー分類では節足動物門の下の綱《こう》というランクにカテゴライズされるが、同じ綱というランクの哺乳類の種類は5000に満たないことを考えれば、種多様性の高さが分かる。起源もまた古く、デボン紀(約4億年前)にまで遡《さかのぼ》れると考えられている。

最初の昆虫は飛べなかった。現生のものでもシミ、トビムシなどの昆虫は翅《はね》を持たず変態もしない。海棲の節足動物のあるものが陸に上がって昆虫に進化したのだ。

それ以後、昆虫の進化と多様化はもっぱら陸上で行われた。脊椎動物でも無脊椎動物の多くの門でも、海棲の種の数の方が圧倒的に多いが、昆虫だけは例外で、海棲の昆虫はほとんどいない。

デボン紀の後の石炭紀になると翅のある昆虫が出現する。現生の有翅《ゆうし》昆虫の翅は4枚だが、最初に出現した有翅昆虫では、翅はどうやら6枚だったらしい。古網翅目《こもうしもく》という最古の有翅昆虫の中には翅が6枚のものがいた。現生の昆虫の基本型は胸が前胸、中胸、後胸の三つ、そのそれぞれから一対の脚がはえているわけだから、前胸にも翅が付いていても不思議ではない。しかし、翅が6枚あると動きをコントロールするのが難しく、飛ぶのに不便なため、それ以後の有翅昆虫は前胸の翅を捨ててしまって、翅は中胸と後胸の二対になったと思われる。

ということは、翅はそもそも飛ぶために進化したわけではないのだ。無翅昆虫の発生システムが変化して、何だか知らないけど翅が出現してしまったのだ。その後で翅の使い方を発見したのだ。

人間が造った飛行機が、飛ぶという機能を追求して、形がどんどんシンプルになっていったように、昆虫も飛行機能を追求して、進化した昆虫ほど翅がシンプルになった。古網翅目の翅は翅脈《しみゃく》も実に複雑だ。

トンボも原始的な昆虫で、翅脈が複雑だ。それが進化した昆虫になると徐々に単純になってくる。昆虫の中で最も進化しているグループは膜翅目（アリ、ハチ）、さらに進化しているグループは双翅目（ハエ、アブ、カ）だと考えられている。

同じくらいの大きさのカゲロウとハチを比べると、原始的なカゲロウの翅脈は複雑だが、ハチの方は単純なことがわかる。飛ぶのはもちろんハチの方が上手だ。双翅目になると文字通り、翅を2枚にしてしまい、後胸の翅は平均棍《へいきんこん》というバランスをとるための器官に変えてしまった。これを取ってしまうと、ハエやアブは全く飛べなくなってしまう。飛行機能を追求した果ての改造である。ジェット機の尾翼のようなものだ。ハエはこの地球上で、最も飛ぶのがうまい生き物である。

ところで、石炭紀やペルム紀のトンボは巨大だった。メガネウラという石炭紀末期（2億9000万年前）に生息していたトンボは開翅長70センチもあったようだ。昆虫は気管呼吸を行うので酸素濃度が高くないと、体の奥まで酸素が届かない。石炭紀は植物が繁茂して、現在よりはるかに酸素濃度が高かったのだ。

甲虫の起源は？

昆虫の化石はあまり出ない。三葉虫やアンモナイトの化石はたくさん発掘されて、シドニーの青空マーケットなどでは1個1ドルくらいで売っているが、古生代から中生代の昆虫の化石はまれである。

『ジュラシック・パーク』は20年ほど前に話題になった映画だが、コハクの中に閉じ込められた蚊が吸った恐竜の血液からＤＮＡを採取して、このＤＮＡから恐竜を造るという、素人《しろうと》にはなかなかリアリティーがあっても、実際にはあり得ない設定から始まる。

コハクの中の蚊から恐竜のＤＮＡを抽出することは不可能だが、コハクの中に多くの昆虫が閉じ込められて化石になるのは恐竜が滅んだ後の新生代では割に普通で、バルト海周辺の５０００万〜３０００万年前の地層から出土するコハク（バルチック・

アンバー）の中の化石は有名である。小さな蚊やハエが一般的だが、まれにクワガタの化石が入っていたりする。

このクワガタはパレオグナータ・スキニと名づけられた化石種で、オーストラリアに現在見られるキンイロクワガタやニジイロクワガタ、南アフリカのテーブルマウンテンの山の上に生息するマルガタクワガタや南アメリカに分布するドウイロクワガタやコフキクワガタに近縁である。これらの現生のクワガタムシはキンイロクワガタ亜種に属し、現在はアフリカ、南米、オーストラリアの南半球の大陸にしか見られない。

しかし3000万年前にはユーラシア大陸にも分布していたのだ。中生代の終わり（6500万年前）には南米、南極、オーストラリアは北米、ユーラシア、アフリカと太平洋を隔てて離れていたので、キンイロクワガタ亜種の起源はこれより前に遡《さかのぼ》れることになる。

キャッサバの育種の世界的権威であり、昆虫類の分類や進化にも精通している河野《かわの》和男《かずお》氏によれば、甲虫類のすべての科は7000万年をはるかに遡った頃に出現し、それ以後新しい科は出現していないと言う。甲虫の科（たとえばカミキリムシ科、コガネムシ科、クワガタムシ科など）は日本からは130科ほど知られるが、それらのすべては南米大陸にも見られると言う。甲虫の仲間は移動能力が低く、甲虫類のすべての科が南米と日本とで共通だとすると、甲虫の科の起源は南米と日本が陸続きであった中生代以前に遡れることになる。

もちろん飛翔《ひしょう》能力が高く、大海原を渡って旅をすることができるオオカバマダラという蝶《チョウ》や、人為的に分布を拡大したモンシロチョウなどは例外である。最古の人類がほんの700万年前に起源したのと比べると、えらい違いである。

南米と日本の甲虫は科は同じでも、その下の属のほとんどは異なり、属の起源はほぼ新生代に入ってからだと思われる。例外はカリポゴンという巨大なカミキリムシ科の属で、東アジアと南米にこの属の種が分布する。東アジアに分布するものはウスリーオオカミキリで、日本でも宮崎県で採れたことがある。カリポゴンは南米には何種類もいて、怖ろしげなキバを持つ怪奇な虫だが、恐竜の時代から生きていたと思えば納得がいく。ちなみに現生人類に連なるホモ属の起源はわずか250万年前だ。

超大陸が誕生するとき生物が大量絶滅するのはなぜか

生物が地球上に出現したのが38億年前、多細胞生物が現れたのが6億年前であった。それ以来、生物界は6度の大量絶滅を経験している。最初の大量絶滅は先カンブリア代の末（エディアカラ紀あるいはヴェンド紀とも呼ばれる）、約5億5０００万年前に起きた。約7億3０００万年前から6億3０００万年前に起きた大氷河期時代が終わると、地球は急に暖かくなり、エディアカラ生物群と呼ばれる、内骨格はもちろん外骨格も持たない多細胞生物が現れる。これらは地球上に最初に現れた動物である。襲ってくる捕食者がいなかったので身を守る必要がなかったのであろう。

数千万年にわたって繁栄を極めたエディアカラ生物群は、しかし、先カンブリア代の末に絶滅する。原因は定かではないが、超大陸ゴンドワナの成立と分裂が関係しているのではないかといわれている。なぜ超大陸の成立と分裂が、生物を大量絶滅に追いやったのだろうか。地球上の諸大陸は離合集散を繰り返していることが分かっている。諸説はあるが、最初に現れた超大陸は約19億年前のヌーナ、次が約10億年前のロディニア、次が5・5億年前のゴンドワナ、そして最後が2・5億年前のパンゲアである。

地球の上部にはスーパープルームと呼ばれるマントルの巨大な上昇流と下降流があり、前者はホット・スーパープルーム、後者はコールド・スーパープルームと呼ばれ、諸大陸は前者を中心に離散し、後者を中心に集合すると考えられている。コールド・スーパープルームを中心に諸大陸が集合すると超大陸が形成され、今度は超大陸の中にホット・スーパープルームが形成されて分裂し始めると考えられている。ゆえに諸大陸は集合離散を繰り返すのだ。

超大陸の形成期と離散期には地殻変動が激しくなり、火山活動や地震活動が激増し、環境が安定せず、生物にとっては好ましくない状況になる。ゴンドワナ超大陸の次の超大陸であるパンゲアの形成期には、カンブリア紀以降最大のペルム紀末の大量絶滅が起こっている。この大量絶滅はすさまじく、海洋生物種の96%、全生物種の90%から95%が絶滅したと考えられている。古生代の3億年近くを生き延びた三葉虫は姿を消し、最初の顎《あご》のある脊椎《せきつい》動物である板皮類《ばんぴ》（板皮綱）も絶滅した。

板皮類は8つある脊椎動物の綱の一つである。火山から大量に放出される硫化水素などの有毒ガスが、多くの生物の命を奪ったに違いない。同じく火山活動の結果生成されるメタンは酸素と反応して、地上は低酸素状態になったに違いない。

また海中もまだ良く解明されてない原因により、2000万年近くもの間、極端な低酸素状態（スーパーアノキシア）になったことが知られている。多細胞生物は酸素がないと生きられないので、96％もの海洋生物種が絶滅したのもうなずける。

数億年後には、次の超大陸が形成されると予想されているが、そこでもまた多くの生物種が大量絶滅するのであろう。もっとも、それまで人類が生き延びていることはどう考えても不可能だろうけれどね。

伝統的進化論は魚に顎《あご》が出来た理由を説明できない

前項で、古生代ペルム紀末の大絶滅の話を書いた。この大絶滅で、板皮《ばんぴ》類という魚類のグループが絶滅したが、板皮類は古生代シルル紀（4億4000万年―4億1000万年前）に出現した、顎を持つ最初の脊椎動物である。

板皮類より前に出現したのは無顎《むがく》類という顎のない魚類で、カンブリア紀の後期5億1000万年前ごろに出現し、オルドビス紀（4億9000万年―4億4000万年前）に多様化し、シルル紀からデボン紀（4億1000万年―3億6000万年前）にかけて栄えた。この頃の魚類は硬くて厚い外骨格で覆《おお》われていて、甲冑魚《かっちゅうぎょ》と呼ばれている。

顎のない魚は餌《えさ》をムシャムシャ食べるわけにはいかない。多くの無顎類は口を海底に付けて海底の泥を吸い込み、その中から餌だけを濾過《ろか》して食べていたと思われる。

餌を取るには効率が悪い方法で、そのため多くの無顎類はデボン紀の末までには姿を消した。

現在、生き残っている無顎類は、ヤツメウナギとヌタウナギであるが、これらの魚類は、口が吸盤のようになっていて、他の動物の生体や死体に吸い付いて生血や腐肉を摂取するという特殊な方法を進化させ、他の魚類との競争に敗れないで今も生き残っているのだろう。

ヤツメウナギは他の魚の生血を吸うので、養殖漁業者には目の敵にされている害魚であるが、それだけ現在の環境に適応しているということだ。特殊な摂餌《せつじ》方法を編み出せなかった、古生代の他の多くの無顎類は顎のある魚類との餌摂《と》り競争に敗れて、滅んでしまったのだろう。

ところで、無顎類から顎のある魚類がどのようにして進化したのだろう。遺伝子の突然変異と自然選択によって徐々に進化したというダーウィン以来の伝統的な進化論によれば、遺伝子が少し変化して形がちょっと変わり、この形がオリジナルのものより環境に適応していれば、生き残る確率が高く、この繰り返しで、生物は徐々に進化したとされる。無顎類から板皮類の進化に関していえば、顎のない魚類から長い年月をかけて徐々に顎のある魚類に進化したというわけだ。

しかし、事実はそんな単純な話ではなさそうなのだ。ヤツメウナギは何でそう呼ばれるかといえば、本当の眼は最初の1対だけで、残りは7対の鰓孔《えらあな》で、鰓孔と鰓孔の間に八の字形の鰓弓《さいきゅう》と呼ばれる骨が存在している。

形態を作るためにはたくさんの遺伝子たちのスイッチが順序良くオンになって形態形成がスムースに進む必要がある。これを遺伝子カスケードと呼ぶが、どうやら、無顎類の口を作るのに働いていた遺伝子カスケードの働く場所が少し後方にずれて働くことによって、顎のある口が作られたらしいのである。鰓弓のある場所で口を作る遺伝子カスケードが働いたおかげで、鰓弓という骨を巻き込んで口が作られたため、この骨が顎になったわけだ。

遺伝子の突然変異と自然選択によって徐々に顎ができたわけではなく、存在する遺伝子はさして変わらなかったけれど、遺伝子の働く場所が変化したのだ。これは、ヘテロトピーと呼ばれ、大進化を起こす重要なプロセスだということがわかってきた。

大きすぎる角の謎《なぞ》

定向進化という言葉がある。米国の古生物学者、コープやオズボーンが唱えたもので、ある系列の生物の特定の形質が、ある方向に向かって進化する傾向のことだ。ウマは徐々に大型化すると共に、蹄《ひづめ》の数が徐々に減少した。あるいは、マンモスの牙《きば》やオオツノジカの角が徐々に長大になっていったなどが、著明な例として取り上げられることが多い。

定向進化説の強力な提唱者であったコープは、同じ系列の動物においては新しい時代のものほど大型化する傾向があると主張し、これを自ら「コープの法則」と名づけた。ウマやゾウは好例とされる。無脊椎《むせきつい》動物でもヒトデやアンモナイトなど、この法則に当てはまる動物は多い。

しかし、すべての動物の系列でこの法則が当てはまるわけではなく、何よりもなぜ必然的に大型化するかについての納得いく説明がなかったこともあって、「コープの法則」は今では進化史の片隅に埋もれている。ちなみに、コープは生涯に1000種以上の化石の新種を報告し、1200編以上の学術論文を発表したという。コープは1897年に満56歳で亡くなっているので、その論文生産力はすさまじい。20歳頃から研究しているので、ほぼ10日に一編論文を書いていたことになる。

定向進化説は、1940年ごろから台頭したネオダーウィニズム（遺伝子の突然変異と自然選択が主要な進化原因だと主張する学説）が主流になるにおよび、見捨てられた学説になったが、近年、遺伝子の使い方の変更という文脈から再解釈されるようになってきた。体より大きなオオツノジカの角や、湾曲して体のほうに伸びてくる、ある種のイノシシの牙（牙を研がないでいると、体に刺さってしまう）は、どう考えても非適応的な形質で、形質は適応的に進化したというネオダーウィニズムではうまく説明できない。

前項で、無《む》顎《がく》類から顎ができたのは口を作る一群の遺伝子たちが働く場所がずれたからだという話を書いた。これをヘテロトピー（ヘテロは異なる、トピーは場所を意味する）という。

では、ある形質を作る遺伝子たちが働くタイミングを変えたらどうなるかを考えてみよう。たとえば、角があまり大きくなかったオオツノジカの祖先では、体が成長して成獣になると、角を伸ばす遺伝子たちの活動も同時にストップした。ところが、成獣になって、他の形質の成長がストップしても、角を伸ばす遺伝子たちの働きが続くとどうなるか。角は体と不釣合いにどんどん大きくなる。一群の遺伝子たちの活動のタイミングをずらすことをヘテロクロニー（クロニーは時間を意味する）という。大きな形の変化は、単なる遺伝子の突然変異ではなく、遺伝子の使い方の変更により起こったのであろう。

II

生命とは何か

――遺伝子と細胞の謎《なぞ》

生命とは何か

２０１３年の12月に『生きているとはどういうことか』（筑摩書房）と題する本を出版した。古代キリスト教の最大の理論家であったアウグスティヌスは、「時間とは何かと問われなければ私はそれを知っているが、時間とは何かと問われると私はそれを知らない」と言ったと伝えられるが、生命も時間とよく似ている。われわれはみんな生きているので、生きているとはどういうことか何となく知っているが、あらためて「生命とは何か」と問われると、とたんに口ごもってしまう。

勤務する大学の初級科目で「生命と環境」という講義を受け持っているが、まず最初に生物は六つの特徴を持っていると話す。①生物はエネルギーを使うことができる。（以下「生物は」と「ことができる」は省略）②外界から物質を取り込む。③排出物を外に捨てる。④外界の刺激に反応する。⑤成長をする。⑥自分とほぼ同じものを作る。

その後で、これら六つの特徴をすべて備えているものは生物かと問えば、ほとんどの学生はイエスと答える。本当にそうだろうか。たとえば、自動車はどうだろうか。自動車はエネルギーを使って走る。ガソリンを外から取り込む。排出ガスを出す。①②③の特徴は生物でなくとも自動車でも持っている。

次の④の外界の刺激に反応するはどうだろう。昔の自動車は確かに外部の刺激に自ら反応することはなかったろう。しかし、今の自動車は、優秀なセンサーを備えていて、外の照度に合わせて照明を自動調節するし、そのうちに自動運転可能な車も出現しそうだ。

それでは⑤の成長をする、と⑥の自分とほぼ同じものを作るはどうか。⑤と⑥が可能な自動車はできそうもないから、今のところ①から⑥までのすべての特徴をもつものは生物といっても差し支えないだろう。ただし、将来、人工光合成の技術が開発されたら、光のエネルギーを使ってCO_2と水を取り込んで炭水化物を作り、自ら成長する機械が作れるかもしれない。

すると最後の問題は、自分と同じものを自ら作る機械が作れるかという話になる。

これは途方もない難題である。しかし、絶対不可能かといわれれば、そうともいえない気がする。自分を作動させているプログラムと全く同じプログラムを作るように組み立ててやれば、光のエネルギーを使って成長し子を作る機械も原理的には可能だろう。それではこの機械は生物なのか。

生物とはいえないと私は思う。なぜかというと、厳密なプログラムに従って動いているものは何であれ生物ではないからだ。生物にもルールらしきものはたくさんある。時々ルール通りに動かなくなり不調を来たし死んでしまうことがある。機械も不調になり動かなくなってしまうことがあるので、これは同じだ。違うところは、生物はルールを踏み外しても動き続け、別の生物になってしまうことがある点だ。

別言すると、ルール通りに動かなくなったらクラッシュしてしまうものが機械で、いざとなったらルールを適当に変えて、動き続けることが可能なものが生物なのだ。だから生物は時々別の種に進化するのだ。

「不老不死」は可能か

不老不死は人類の究極の夢である。絶大な権力と財力を手に入れた独裁者が最後に望むのは不老不死の薬という話からもそれが分かる。さんざん人を殺した秦《しん》の始皇帝も自分だけは死にたくなかったとみえ、方士の盧生《ろせい》と侯生《こうせい》、さらには徐福《じょふく》に命じ不老不死の薬を探しに行かせている。もちろんそんな薬など見つかるわけがなく、始皇帝は49歳で亡《な》くなっている。一説には寿命を延ばすと信じて飲んだ水銀中毒だったともいわれている。

人間はいずれ必ず死ぬ、という命題は今のところ正しい。では、生物は必ず死ぬのかといわれれば、実は死なない生物もいるのだ。バクテリアは好適な条件下でありさえすれば、基本的に不死である。

一方、多細胞生物の個体やセックスをする単細胞生物の2n（接合体）の個体は必ず死ぬ。セックスというと多くの人はエロいことを想像すると思うが、生物学的にいうセックスとは、n（配偶子）とnが合体して2nを作り、これが減数分裂してnを作り、再び合体して2nを作ることの繰り返しにより種を存続させる繁殖方法のことで、それ以上の意味はない。

生物が老化して死ぬのは大きく二つの原因がある。一つは時間とともにDNAに損傷が蓄積されて正常な機能が失われていくこと。もう一つは細胞分裂のたびにテロメアと呼ばれる染色体の末端が少しずつ切れること。人間では50回分裂するとテロメアが消滅して細胞の寿命が尽きると考えられている。

バクテリアがなぜ不死なのかは分かっている。バクテリアの染色体は環状で末端がなく、従ってテロメアがなく、分裂しても切れないこと。もう一つは、細胞分裂の速度がDNAの損傷速度より速いので、無傷のバクテリアの系列が存続可能なことだ。

バクテリアより高等な真核生物（核をもつ単細胞生物と多細胞生物）の染色体は線状なので、分裂のたびに必ず少し切れる。だから不死になるためには切れたテロメアを伸ばす必要がある。

人間の体細胞（2nの細胞）はこの能力を持たないものが多いので、個体はいずれ死んでしまうのだ。さらには、DNAに蓄積される損傷を完全に修復することもできないので、老化も不可避である。

一方、nの生殖細胞はテロメアを伸ばす能力を持ち、さらには2nからnの細胞を作る減数分裂の際にDNAの損傷が修復されるので、基本的には不死である。人間の個体は死すべきものだが、生殖細胞系列は不死なのだ。生物学的には2nの個体はnの生殖細胞を作る装置にすぎない。

少し前までゾウリムシは不死だと思われていた。ゾウリムシは単細胞だけれどセックスをして、個体は2nなので不思議だったのだ。最近、この謎が解けた。ゾウリムシはセックスの相手がいないと、減数分裂してnを二つ作り、すぐに合体して2nに戻って生き続けるのだ。これを自殖という。

ひとりでセックスをして不死の体が手に入るとは、何とすばらしいと思うでしょうが、人間はゾウリムシのような芸当はできないので、どのみち死は免れないのだ。

クマムシはなぜ不死身なのか

前項で、バクテリアは環境条件さえ好適ならば、基本的に不死であると述べたが、多細胞生物の中にも、別の意味で不死性をもつものがいる。

クマムシという小さな無脊椎《むせきつい》動物をご存じだろうか。ムシという名がついているが、昆虫ではなく、昆虫を含むより大きなグループである節足動物とも違う。緩歩《かんぽ》動物という門に属する動物の総称で、最小の種は体長０・１５ミリ、最大の種でも１・７ミリほどの、通常はやっと肉眼でも見えるかどうかといった大きさの動物だ。

ちなみに門とは界（すべての生物は、動物界、植物界、菌界、原生生物界、真正細菌界、古細菌界の６界に分けられる）のすぐ下の大分類群のことで、節足動物や脊椎動物はそれぞれ一つの門である。緩歩動物も小なりといえども一つの門であるので、分類学的なカテゴリーのランク上は、節足動物や脊椎動物と同格である。

四対の脚をもつずんぐりしてなかなかかわいい動物で、地球上のあらゆる環境に適応した種が1000種あまり知られている。中には深海や温泉や極寒といった極限環境に棲《す》むものもいる。大半の種類は土壌中に棲んでおり、ツルグレン装置（ロートの中に目の細かい網を置き、その上に土を入れて、上から電灯で熱を加え、土中の動物を下に落とす抽出装置）により容易に採集することができる。

クマムシが有名なのは、厳しい環境に対して特殊な抵抗力をもつからである。環境が乾燥してくると、クマムシはトレハロースという固体の糖を作って水と置換して、水分含有率を0・05％まで減らし、乾燥クマムシになる。乾燥クマムシは呼吸もしていないし、血液も循環していない。代謝が完全に止まっているのだ。

通常の動物は代謝が止まれば死んでしまうが、乾燥クマムシは水を一滴与えてやれば、生き返るのだ。そこが干しシイタケや干しエビと違うところだ。

乾燥クマムシは150度の高温にさらされても、マイナス270度の超低温にさらされても、適温に戻して水を加えてやれば生き返るし、真空にも高圧にも耐え、ヒトの致死量の1000倍以上の放射線を浴びても生き残ることができる。ほとんど不死身といってよい。

乾燥クマムシは、代謝をしていないので、休眠をしているわけではない。今ではこの状態はクリプトビオシスと呼ばれ（乾眠ともいう）、クマムシばかりではなくワムシやネムリユスリカなどでも知られている。

クリプトビオシスは体を構成する高分子たちが破壊されずに、生存している状況と同じ位置関係で固定されている状態のことだ。水中では高分子たちは相互に動き回るが、トレハロースの中では身動きできずにじっとせざるを得ないのだ。

そこに水を加えればトレハロースが溶けてエネルギー源になり、クマムシは生き返るというわけだ。乾燥クマムシはいわば、生きた状態で時間が止まったままなのだ。水を加えてやれば再び時計が動き出して、生き返るとは何とも不思議な話ではないか。

ヒトが「冷凍人間」となって生き返るのは可能か

前項で、クマムシの不死性について話をしたが、最近クマムシに詳しい人の話を聞く機会があった。自然条件下では、外界の条件が悪くなると乾燥クマムシになり、条件が良くなると生き返るということを何回か繰り返すらしい。ずっと活動しているクマムシの寿命は、せいぜい2カ月ぐらいのようだ。何度もクリプトビオシス状態になったクマムシの寿命は長くなるが、活動しているトータルの時間は、やはり2カ月程度とのことだ。クリプトビオシスの時はどんな過酷な状況にも耐えるのに、好適な状況で活動しているクマムシは、案外簡単に死んでしまうみたいだ。

人間の致死量の1000倍の放射線にも耐える乾燥クマムシのDNAはめったに損傷しないと思われるのに、何であっけなく死んでしまうのだろう。もしかしたら、2

カ月活動したら死ぬように遺伝的にセットされているのかしらと言ったら、まれには活動状態で1年以上生きているのもいるようだと聞かされて、ますます訳が分からなくなった。

クリプトビオシス状態のクマムシが生き返るのは、体を構成する物質(特に高分子)が生きている状態と同じ位置関係で固定されるためだ。位置関係が激しく乱れたり、高分子が変質すると生き返ることができなくなる。

乾燥クマムシを多少酸素が入ったボトルと、全く真空のボトルに入れて長期間放置し、その後で好適な条件に戻して蘇生《そせい》率を調べた実験がある。真空中のクマムシの蘇生率は高かったが、酸素入りの容器中の蘇生率は極めて低かった。高分子が酸素によって酸化されて変質したためだと考えられる。乾燥クマムシは呼吸していないため酸素は不要なばかりか毒なのである。

現在のところ、科学技術は生命を創《つく》れないが、乾燥クマムシの存在は、将来、生命を人工的に創れる可能性を示唆《しさ》してくれる。クリプトビオシス状態では高分子は動いていないため、その位置関係を厳密に調べ、それと同じ状態を再現することが、理論的には可能である。もっとも存在する高分子の数は兆の何兆倍といったオーダーになるため、画期的なイノベーションが起きない限り、現状では事実上不可能だ。

そこから導かれる結論は、生命とはつまるところ、高分子の特殊な配置のことであるということだ。

ところで、人間のような大型の動物でも生きている状態のまま、高分子の配置を変えずに時間を止めてやれば、クリプトビオシスの状態になり、その後元に戻れるのだろうか。金魚を液体窒素の中にほうり込むと、瞬時にフリーズしてしまう。このフリーズ金魚を硬い床に落とせば割れてしまうが、常温の水の中へゆっくりとリリースすると、しばらくたてば泳ぎだす。

金魚で可能なことは人間でも可能なはずで、ヒトを瞬時にフリーズさせて、その後常温に戻せば、生き返るに違いない。しかし、倫理的な問題は別にしても大問題があって、ヒトの体は大きすぎて、内部は瞬時にフリーズせず、多少ともゆっくり凍るので、氷の結晶が大きくなって細胞を破壊してしまうのだ。これを克服できれば、クリプトビオシスの状態から何十年後かに目を覚まし、未来の世界を見ることができる。

生物の能力は脳細胞の数に比例するか

人間の大人の脳細胞は約120億個、それに対して昆虫の脳細胞は約100万個である。そこだけ考えれば、人間は昆虫より1万倍能力があるということになるが、話はそう単純ではなさそうである。

蛍光灯は実はついたり消えたりしているが、われわれの目にはずっとついているように見える。なぜか。物理時間は連続的に流れるが、動物の脳内では時間は連続的に流れずに、離散的なのだ。しかも、その度合いは動物の種類によって異なる。たとえばカタツムリは1秒間に4回以上の点滅は識別できない。別の言い方をすれば4分の1秒以下の短い時間の差は、カタツムリには同時と感じられるのだ。人間は個人差があるが、これが15分の1秒から60分の1秒。蛍光灯は1秒間に100回または120回点滅しているので、どんなに感覚の鋭い人でも、点滅しているようには見えない。

ところが、ハエの解像度は人間よりはるかに高く、150分の1秒程度なのだ。ということはハエには蛍光灯は、はっきりとついたり消えたりしていることが分かるのである。時間の解像度に関しては、人間よりハエの方が能力が高い。ちなみに、解像度が極端に低いカタツムリは、目の前で1秒間に5回以上棒を出し入れすると、棒の動きを検知できずに、棒の上に乗ろうとするとの報告がある。

色を感じる能力も昆虫と人間では異なる。ミツバチやチョウは赤い色が分からず、代わりに紫外線が見える。可視光線の波長帯が短い方にずれているのだ。人間の目には同じように白く見えるモンシロチョウの翅《はね》であるが、オスの翅とメスの翅では反射する紫外線の量が違うので、モンシロチョウには違う色に見えているはずだ。

2匹のチョウが絡《から》み合ってクルクル回りながら飛んでいるのを見たことがある方も多いでしょう。これはオスがメスに対して飛びながら求愛しているシーンである。よく見ていると、相手の動きに合わせて瞬時にシンクロして飛んでいるのが分かる。人間の脳細胞の数は昆虫のそれよりはるかに多いのに、こんな芸当はまねできない。シンクロナイズドスイミングの選手たちは練習に練習を重ねて、シンクロしているので、新しい事態にいきなり対応しているわけではない。人間の脳は相手の動きに合わせて、瞬時にシンクロする能力をもっていない。

人間の大きな脳は、外界からの刺激を脳内で処理し、それからおもむろに行動を選択するのに適した構造をしており、瞬間的な対応には向いていないのだ。刺激・反応系を瞬時につなげるためには長い訓練が必要なのだ。どんなに運動神経が優れた人でも、初めて挑戦するスポーツでは、それなりにヘタなのはだから当然なのである。

それに対し、脳の小さい昆虫や小鳥では訓練もせずに、相手の動きに瞬時に反応することができる。冬になるとムクドリの大群が大空を飛んでいるのを見ることがあるが、まるで一つの生命体のごとく流れるようにシンクロしている。人間が昆虫や小鳥の行動をまねるためには血が滲《にじ》むような訓練が必要だというのも考えてみれば不思議な話だ。

「STAP細胞」に世界中の生物学者が仰天したのはなぜか

　2014年の1月に理化学研究所の30歳の女性研究者、小保方晴子さんを中心とするチームがSTAP細胞の作成に成功したと報じられて大きな話題になった。STAP細胞とは刺激惹起性《じゃっきせい》多能性獲得細胞の略で、マウスのリンパ球に外部から刺激（ストレス）を与えることにより、作り出されたとされた万能細胞のことだ。最初に論文を英科学誌「ネイチャー」に投稿した際に、査読者から「過去何百年の細胞生物学の歴史を愚弄《ぐろう》するものだ」といわれてリジェクト（拒絶）されたいわくつきの研究である。

　通常、哺乳類の分化した細胞（肝臓、心臓、脳などの組織の細胞）は他の種類の分化した細胞や未分化な細胞に変化することはない。さらに分化した細胞の核（遺伝子やDNAが存在する細胞内小器官）は、それ以外の細胞を作り出す能力を喪失していると考えられていた。

後者の常識は1996年にクローン羊ドリーの作成によりくつがえされた。これは分化した細胞の核を、核を除去した未受精卵に導入することにより、ここから完全な個体を作り出す技術で、これにより分化した細胞の核もポテンシャルとしては全能性を持っており、しかるべき細胞内環境下では全能性を発揮することが分かったのだ。

STAP細胞の前に注目されたiPS細胞は、分化した細胞の核にES細胞（胚性《はいせい》幹細胞）で発現しているいる遺伝子のいくつかを導入して作り出されたもので、分化した細胞の核を多少変えることで未分化な細胞の核の機能に近づけたもので、理屈としてはそれほど奇想天外なものではなかった。

STAP細胞は、これらの技術と全く違って、分化した細胞をストレスにさらすだけで、万能細胞に変化させることができるという話だから、世界中の生物学者が仰天したのも無理はないのだ。分化した細胞の内部や核には手をつけずに、外部刺激だけで万能細胞に変わるなどとは、細胞生物学の常識からは完全に外れた話だったのだ。

しかし、もっと原理的に考えれば、同一個体のすべての細胞は同一の遺伝子組成をもっており、細胞の種類の違いは、どの遺伝子が発現しているかの違いだけなのだ。だから、遺伝子の発現パターンを変えることができるのは、原理的には不思議ではない。

実際に植物や下等な動物では、細胞の種類は可変的である。たとえば、多くの植物では茎、葉、根の細胞は可変的で、茎を土に挿しておけば、ここから根や葉が出てきて、1個の立派な植物に育つ。動物でもヒドラのようなものは大きな個体の体から芽が出てきて、これが育って小さな個体になって独立することが知られている。これらの繁殖方法は栄養生殖と呼ばれ、新しく作られた個体は親と全く同じ遺伝子組成を持つクローンである。

STAP細胞は、哺乳類でも分化した細胞をストレスにさらすだけで、遺伝子の発現パターンを未分化な細胞に変化させることができるということだから、もし正しければヒトの分化した細胞にストレスを与えて万能細胞に変化させ、ここからヒトを作ることも可能になるかもしれない。残念ながらSTAP細胞はインチキだったけれど、将来、同じような研究が成功する可能性はゼロではない。

「STAP細胞」の真偽問題の核心にあるもの

STAP細胞の検証実験を行っていた小保方晴子さんは期限の2014年11月末までに、STAP細胞を作成できず、理化学研究所はSTAP細胞から作られたとされるSTAP幹細胞はES細胞から作られたと断定した。さらに、同年12月に小保方さんのSTAP細胞論文に載った二つの図表の捏造《ねつぞう》を新たに認定した。これに対して小保方さんは期限までに不服を申し立てなかったので、彼女も、年貢《ねんぐ》の納め時だと思ったのかもしれない。

本当のことを言えば、STAP細胞は2014年3月に、STAP細胞の作り方を丁寧に解説した小保方、笹井、丹羽の3名共著のプロトコールの中で、STAP幹細胞にはTCR再構成（厳密に言えば、TCR遺伝子再構成）が見られなかったとあり、その時点でインチキだったということがはっきりしていたので、その後の様々な実験は税金の無駄であったのだ。

ＳＴＡＰ幹細胞はＳＴＡＰ細胞をさらに処理して作ったとされる万能細胞で、他の組織に分化する能力を持つと同時に、自分と同じ幹細胞を作れる。この細胞にＴＣＲ再構成が見られなかったということが、なぜ小保方さんの論文がインチキだったことを証明することになるのだろうか。以下、それについて説明しよう。

小保方さんの「ネイチャー」論文の主張では、Ｔ細胞という免疫《めんえき》細胞からＳＴＡＰ細胞が作られたという。免疫に関与している細胞はたくさんあるが、重要なのはＴ細胞とＢ細胞という2種類のリンパ球である。Ｔ細胞は最初に出動する免疫細胞で、その後でＢ細胞が出動する。

ここではＴ細胞についてだけ述べる。Ｔ細胞になる前の細胞は造血幹細胞という細胞で、これが分化してＴ細胞やＢ細胞になるのだ。分化したＴ細胞は、ある特定の抗原（たとえば、はしかウイルス）にしか対応しない。抗原を認知するＴ細胞の部位をＴＣＲ（Ｔ細胞受容体）と呼び、Ｔ細胞ごとにＴＣＲが異なるのである。Ｔ細胞の元となる造血幹細胞ではＴＣＲを作る遺伝子はＶ、Ｄ、Ｊ、Ｃの四つの領域に分かれており、ここから特定のＴ細胞を作る時に、Ｖの一部、Ｄの一部、Ｊの一部を取り出してつなぎ合せ、さらにＣをつないで、特定のＴ細胞のＴＣＲ遺伝子を作るのである。

すなわち造血幹細胞のTCR遺伝子とT細胞のTCR遺伝子は異なっていて、後者は前者の一部を切り取ってつなぎ合せたものなのだ。これをTCR再構成と呼ぶ。こうすることによって全く同じ造血幹細胞からたくさんの異なる種類のT細胞が作られるのである。

さて、T細胞からSTAP細胞さらにそこからSTAP幹細胞が作られたとの話が正しいとすると、これらの細胞のTCR遺伝子にはTCR再構成がみられるはずだ。もしTCR再構成がみられないSTAP細胞（STAP幹細胞）があるとすれば、これらはT細胞以外の細胞からできたのだ。作られた万能細胞にTCR再構成がみられたかどうかは、極めて重要なことなのだ。STAP幹細胞にTCR再構成がないとすると、STAP幹細胞は、ストレスでT細胞が死滅して、もともとほんのわずか存在した幹細胞が生き残って作られたか、ES細胞が混入して作られたかのどちらかになる。理化学研究所は後者であると断定したのである。

免疫とは何か

前項でSTAP細胞がT細胞から作られたかどうかという話にからめて、TCR（T細胞受容体）再構成の話をしたが、少し専門的すぎた気がするので、本項では免疫とは何かという話をしよう。

免疫とは文字通り疫《やまい》を免れるということで、ウイルスやバクテリアに冒《おか》されて死ぬことが多い動物にとって、とても重要な防御装置なのだ。

防御装置には二つのタイプがあり、一つは非特異的な防御システムである。このやり方は下等な生物から高等な生物まで広く見られるもので、高等動物では外部から侵入した病原体を体内の特殊な細胞が食べて殺す方法が一般的だ。この特殊な細胞はマクロファージや好中球と呼ばれる白血球で、侵入した化膿菌《かのうきん》などを食べて殺す。傷ついた皮膚を手当てしないでおくと、腫《は》れて赤くなり、しばらくすると膿《うみ》が出て治るという経過をたどるが、膿は好中球と化膿菌が戦って共に斃《たお》れ、死屍累々《ししるいるい》となった跡である。

他にも、唾《つば》や涙や膣《ちつ》の分泌物《ぶんぴぶつ》、鼻毛、皮膚表面の善玉細菌、せきやくしゃみなども外部からの病原体の侵入を防ぐ役割を担《にな》っており、非特異的な防御システムの一部だ。他に重要なのはNK（ナチュラルキラー）細胞で、この細胞はウイルスに感染した細胞や、がん細胞などを見つけだして無差別に殺す。ほとんどのがん細胞はNK細胞に非自己とみなされて発生した途端に殺されるが、まれにNK細胞に自己とみなされて殺されずに増殖するものがある。これが大きくなってがんとして見つかるのである。

もう一つの防御システムは特異的な防御システムと呼ばれるもので、免疫とは狭義にはこれのみを指す。T細胞やB細胞はこのシステムの重要な担い手である。これは侵入した病原体にターゲットを絞り、集中的にやっつける仕組みだ。脊椎動物にのみ見られる。

T細胞やB細胞には膨大な数の種類があり、そのそれぞれがある特殊な抗原に対応している。だから、たとえば、はしかのウイルスをやっつけるT細胞やB細胞は、はしか以外の病気には無効である。T細胞が特定の抗原を認識する部位はTCRで、B細胞が特定の抗原を攻撃する武器は抗体である。

特定の抗原に対応するT細胞ごとにTCRは異なり、同じく特定の抗原に対応するB細胞ごとに抗体は異なる。TCRや抗体はタンパク質なので、これを作る情報は遺伝子である。これらのタンパク質の種類は膨大なので（恐らく億を超える）これらを作る遺伝子の種類もまた膨大なはずだ。

ところが、脊椎動物のゲノム（DNAの総体のこと）中に見られる遺伝子の数はせいぜい2万〜3万である。ちなみにヒトの遺伝子数は2万1000個と推定されている。

一つの遺伝子が一つのタンパク質を作るとなると遺伝子の数が圧倒的に足りない。どういう仕組みになっているのだろう。実はT細胞やB細胞では、本来一つの遺伝子であったものを細かく分けて、その一部を切り張りして、それぞれに異なる小さな遺伝子にして、この遺伝子からタンパク質を作っているのだ。

紙幅が尽きたので続きは次項で。

自己免疫病を引き起こすものは何か

人間の体を作っている37兆個の細胞は、同一の個体ならば、基本的に全く同一の遺伝子組成を持つ。たとえば前項で話したTCR（T細胞受容体）を作るTCR遺伝子は免疫細胞ばかりでなく、すべての細胞の中に入っている。ただし、T細胞以外では何の役に立っているのか分かっていない（何の役にも立っていないのかもしれない）。

すべての細胞は基本的に同一の遺伝子組成を有していると書いたが、T細胞とB細胞だけは例外なのだ。TCRを作るTCR遺伝子は、通常の細胞（この中にはT細胞やB細胞を作る元となる造血幹細胞も含まれる）ではかなり大きな遺伝子だが、T細胞を作るときは、この遺伝子の断片をつなぎ合わせて、個々のT細胞のTCR遺伝子を作るのだ。これを「TCR遺伝子再構成」と呼ぶという話はすでに書いた。

B細胞を作るときも同じように造血幹細胞の抗体遺伝子を断片化してつなぎ合わせ

て、たくさんの種類の抗体遺伝子を作るのだ。だから、T細胞とB細胞の遺伝子組成は通常の細胞とは微妙に異なる。B細胞の抗体遺伝子が切り張りで作られることを最初に実証したのは利根川進氏で、彼はこの業績で1987年のノーベル生理学・医学賞を受賞している。

T細胞やB細胞の種類は膨大であることは分かったが、これらはいわばランダムに量産されるため、どのようなメカニズムで外部抗原だけをやっつけられるようになるかが次の大問題であった。T細胞の元となる造血幹細胞はまず胸腺《きょうせん》という器官の中に入り、そこでT細胞になる。その時にTCR遺伝子再構成が起こり、ものすごくたくさんの種類のT細胞ができる。

その中にはいかなる抗原も認識できない無能なTCRをもつ奴《やつ》や、自分自身の抗原（自己抗原）にピタッと対応するTCRをもつ奴などもいる。前者は役に立たない無能者だから胸腺の中で殺され、後者は自分自身を攻撃する危険分子なので、やっぱり殺されるのだ。

こうして、自己抗原以外の抗原を認識できるT細胞だけが、晴れて胸腺から卒業して血液中に放たれるのだ。これを「T細胞の教育」と呼ぶが、生き残ることができるT細胞は3％くらいと言われているので、教育とは名ばかりの大殺戮《さつりく》なのだ。独裁国家では時の権力者に盾つく人々を捕まえて教育キャンプに送ったりするが、まあ似たようなものだと考えてよい。

もし、胸腺での教育がうまくいかずに、自己抗原を攻撃するT細胞が血液中に放たれると、免疫が病原体ではなく、自分の体を攻撃する自己免疫病になってしまう。年をとると胸腺が小さくなって機能が落ちるので、自己免疫病になる確率が増える。

自己免疫病にはもう一つ大きな原因があって、B細胞は教育されないのだ。たくさんのB細胞の中には、自己を攻撃する抗体を作るものがたくさんあるらしいのだ。しかし、B細胞を刺激して増殖させ、抗体を作らせるのは対応するT細胞なので、自己抗原に対応するT細胞がなければ通常は問題ないのだ。

しかし年をとって免疫システムが衰えると、対応しないT細胞から出た刺激を誤って受容して、自己抗原に対応する抗体を作るB細胞がまれに現れる。これもまた自己免疫病を引き起こす。

DNAとは何か

DNAという専門用語が人口に膾炙《かいしゃ》して久しい。これはデオキシリボ核酸という分子で、1869年にフリードリッヒ・ミーシャーが発見し、1953年、ワトソンとクリックによりその構造が解明された。

一方、遺伝子というコトバも広く流通している。これはメンデルが1865年に発表した、形質の発現の原因となる実体が存在するとの説に端を発する概念で、メンデルはこれをエレメントと名づけた。エレメントは後に遺伝子と呼ばれるようになり、ある形質を発現させる、さしあたって不変の実体とされた。さしあたってと記したのは、遺伝子は時に突然変異を起こして、別の遺伝子に変化することがあるからだ。突然変異した遺伝子は、元の遺伝子とは多少異なる形質を発現させると考えられた。

ここに記したようにDNAと遺伝子は当初は全く別の概念であったのだが、ワトソンとクリックの構造解明の少し前に、エイブリーらが巧妙な実験を行って、遺伝子の本体はDNAであることを突き止めたのだ。その後、今日に至るまで、遺伝子はDNAであるという話は広く一般の人々にも拡《ひろ》がってきた。それで多くの人はDNAと遺伝子はシノニム（同物異名）だと勘違いしているようだが、これは誤解である。生物（この中にはウイルスは入らない）の遺伝子は常にDNAであるが、DNAは必ずしも遺伝子とは限らないのだ。

遺伝子は今ではメンデル遺伝学的な漠然とした概念ではなく、もっと厳密に定義されている。すなわち、遺伝子とはタンパク質を作る情報を担っているDNAの機能単位のことである。ヒトのDNAの全長は30億塩基対（塩基対を説明すると長くなるので、ここではDNAの長さの単位だと思ってください）で、遺伝子はそのうちの3％くらいを占めているにすぎない。残りのDNAは遺伝子ではない。ヒトの遺伝子の数は約2万1000個と意外と少ない。

遺伝子は形質を作っている原因だとの古典的な考え方からすれば、2万1000個の遺伝子で人間の体のような複雑な構造を作れるのかとの疑問が生じるだろう。高等植物は一般にヒトより遺伝子数が多く、イネやトウモロコシの遺伝子は3万を超えると考えられている。線虫の一種C・エレガンスという下等な動物でさえ、2万近くの数の遺伝子を有し、マウスなどの哺乳類の遺伝子数はヒトとほぼ同じである。だから、遺伝子の数と生物の複雑さはあまり相関しないのである。

ＤＮＡの全長でもヒトよりはるかに長い生物はたくさんあり、コムギは１７０億塩基対あり、ヒトの5倍を超える。奇妙なことに最長のＤＮＡをもつのは、原生動物のアメーバの一種、ポリカオス・ドゥビウムで、その長さは６７００億塩基対だという。何とヒトのＤＮＡの全長の２００倍以上である。

遺伝子以外のＤＮＡはノン・コーディングＤＮＡと呼ばれ、その機能がすべて判明しているわけではない。一部のノン・コーディングＤＮＡはタンパク質以外の重要な分子を作って、ＤＮＡの働きをコントロールしていることがわかっているが、何の働きもしていないジャンク（がらくた）ＤＮＡも少なくないようだ。先に述べたアメーバの一種のＤＮＡはほとんどジャンクなのかもね。

タンパク質を作る遺伝情報の「暗号」の謎

前項では遺伝子とDNAの相違について書いた。ここではDNAとタンパク質の関係について話そう。

タンパク質は生物の体を構成する最も重要な分子で、あらゆる組織の構成成分であるとともに、体の中の化学反応を進める酵素の実体であり、さらに免疫反応を司《つかさど》る抗体の成分でもある。

体内のタンパク質の種類は膨大で億のオーダーをはるかに超えるだろう。しかし、タンパク質を作る情報を有する遺伝子は、ヒトでは2万1000個しかない。

昔、まだ遺伝子の数が分からなかった頃、「一遺伝子一酵素説」という仮説が多くの生物学者に信じられていた。この説は言い換えると、一つの遺伝子は1種類のタンパク質しか作らないとの主張だ。この説が正しいとすると2万1000個の遺伝子しかもたないヒトは2万1000種のタンパク質しか作れないことになる。これは事実に反する。

遺伝子の情報からタンパク質を作るに際し、まず必要なのは遺伝子の情報をmRNA（メッセンジャーRNA）に写すことだ。DNAの鎖の中に点在する遺伝子はDNAから離れることができない。DNA分子は細胞の中にある核と呼ばれる小部屋に閉じ込められている。核は核膜で囲まれており、核膜には小さな孔《あな》が開いているが、DNA分子は大きすぎてこの孔を通り抜けることができない。そこで、遺伝子の情報はmRNAに写されて、mRNAが核からこの情報を持ち出して、細胞質内に多数存在するリボゾームと協力してタンパク質を作ることになる。

ところで遺伝子の中にどんな具合にタンパク質を作る情報が入っているのだろう。よく知られているように、遺伝情報は四つの文字の暗号で書かれている。詳しく説明するのは面倒なのでざっくり書けば、この四つの文字は、A（アデニン）、T（チミン）、G（グアニン）、C（シトシン）という分子である。

DNAとはこの文字がずらずら並んでいるお経みたいなものだと思ってくれてよい。ほとんどのDNAは意味のない文字列であるが、ところどころに意味のある文字列があり、この文字列がタンパク質を作る暗号をもつ遺伝子である。遺伝子の中では三つの文字の組み合わせが一つのアミノ酸を指示する暗号で、たとえば、GCCはアラニン、AAAはリジンというアミノ酸を指示している。タンパク質はアミノ酸の鎖から成るので、GCCAAAという文字列は、アラニン―リジンという並びを指示し、これが延々と伸びてアミノ酸の長い鎖、すなわちタンパク質を作る暗号となるのだ。

ところで、タンパク質は線状では機能せず、これが折れ曲がって独特の三次元構造をとらなければ役に立たない。線状のタンパク質から三次元のタンパク質を作るのは、分子シャペロンと呼ばれるこれまた特別なタンパク質である。三次元構造のタンパク質は熱に弱く、熱を加えると簡単に線状のタンパク質に戻ってしまう。肉を焼くと焼き肉になるのは、タンパク質の三次元構造が壊れるからだ。焼き肉の中にはシャペロンがないので、焼き肉は冷やしても生肉には戻らない。

と書いたところで紙幅が尽きた。なぜ2万1000個の遺伝子から億を超えるタンパク質が作られるか、は次項。

一つの遺伝子がいくつもの異なるタンパク質を作れるのはなぜか

ヒトのDNA中の遺伝子の数は2万1000個、この遺伝子が作り出すタンパク質の種類は、億のレベルをはるかに超えると考えられる。その大半は免疫細胞が作り出す抗体などの免疫に関するタンパク分子である。

前に述べた一つの遺伝子が一つのタンパク質を作るという仮説は、実はバクテリアの研究から唱えられたものだ。バクテリアには免疫機能はなく、バクテリアのDNA中の一つの遺伝子は一つのタンパク質しか作らない。そういう意味でもバクテリアは単純なのだ。

ところが真核生物（単細胞の原生生物とすべての多細胞生物）は先に述べたように、一つの遺伝子がいくつものタンパク質を作ることができるらしい。バクテリアと真核生物では遺伝子の構造が違うのである。

バクテリアの遺伝子はアミノ酸の並び方を切れ目なく指示していて、一つの遺伝子には1本の長いアミノ酸の鎖（すなわち一つのタンパク質）を作る情報が含まれている。

一方、真核生物の遺伝子では、タンパク質の情報をもつ部分が切れぎれになっていて、その間にタンパク質を作る情報を持たないDNAが挟まっている。前者のDNAの断片はエクソン、後者はイントロンと呼ばれる。すなわち、真核生物の遺伝子は、エクソン、イントロン、エクソン、イントロンといった具合に、この二つのDNAの断片が交互に並んでいるのだ。

タンパク質を作る情報をもつDNA断片だけを遺伝子と呼ぶと定義すると、エクソンだけが遺伝子ということになるが、通常は複数のエクソンとその間のイントロンをすべて含んだ一連のDNAを一つの遺伝子と定義する。というのは、この一連のDNAがタンパク質を作る機能単位だからである。

真核生物では、一つの遺伝子から、遺伝子の情報をコピーしてタンパク質を作る工場に伝えるmRNA（メッセンジャーRNA）は、エクソン部分だけの情報をつなぎ合わせて作られる。まず最初、エクソンもイントロンも含めたすべてのDNAをコピーして、プレmRNAが作られる。次に、イントロンの部分を切り出してエクソン部分だけをつなげて、真のmRNAが作られるのだが、ここで面白いのは、いくつかのエクソン部分を選択的につなげて、ｍＲＮＡを作ることだ。

たとえば、一つの遺伝子の中に五つのエクソンが含まれているとすると、エクソン1とエクソン2、エクソン5だけをつなげてｍＲＮＡを作ることもあれば、エクソン2、エクソン4、エクソン5をつなげてｍＲＮＡを作ることもある。この二つのｍＲＮＡは異なるので、二つのｍＲＮＡの情報に基づいて作られるタンパク質も当然異なるものとなる。一つの遺伝子が複数のタンパク質を作れる理由の一つはここにある。

エクソン部分をつなげてｍＲＮＡを作ることをスプライシング、今述べたように、エクソンの組み合わせを違えてｍＲＮＡを作ることをオールタナティブ（選択的）・スプライシングと呼ぶ。真核生物はＤＮＡの量を増やさないで、たくさんのタンパク質を作るために、組み合わせという巧妙なやり方を採用したのだ。ヒトの作ったどんな機械よりも精妙ではないか。

免疫細胞の多様性の基礎となっているのは？

前項では、ヒトでは2万1000個ある遺伝子から、それをはるかに上回るタンパク質を作る仕組みとして、オールタナティブ・スプライシング（一つの遺伝子からいくつもの異なるmRNAを作ること）の話をした。酵素のようなタンパク質の多様性はこのやり方で作られるが、億のオーダーを超える、免疫が関与するタンパク質の膨大な種類の多様性は、また別の仕組みで作られるのだ。

たとえば、小保方さんのSTAP細胞の真偽を確かめる際に重要な証拠となったT細胞のTCR再構成はこのメカニズムに関連する。TCR（T細胞受容体）とはT細胞の表面に存在する様々な抗原を認識するためのタンパク質で、T細胞の種類ごとに異なる。

体に侵入してくるウイルスや細菌などに対する防御機構は2種類に分けられ、一つは何であれ、自己でない抗原を無差別に攻撃するやり方、もう一つは異なる抗原（その主たるものはウイルスや細菌である）の種類ごとに個別に攻撃するやり方である。ウイルスに感染した細胞やがん細胞を見つけ次第殺してしまうNK（ナチュラルキラー）細胞は前者の例であり、T細胞や抗体を作るB細胞は後者の例である。

ウイルスや細菌の種類は膨大であり、それらの一つ一つに別々のT細胞やB細胞が対応するわけだから、これらの細胞の種類もまた膨大である。これらの細胞の多様性の基礎となっているのは、これらの細胞が作り出すそれぞれに異なるタンパク質である。一つのT細胞のTCRは通常1種類の抗原しか認識できない。たとえば、はしかのウイルスが侵入したとすると、これに対応するT細胞が爆発的に増えて、集中攻撃するのだ。

実はTCR遺伝子は一つしかない。この一つの遺伝子から膨大な種類のTCRをどうやって作るのだろうか。

TCR遺伝子は四つの領域に分かれている。すなわち、V領域、D領域、J領域、C領域である。このうち、TCRタンパク質の多様性に関与しているのはV、D、Jの三つの領域である。V、D、Jはそれぞれエクソンとイントロンに分かれており、未熟なT細胞から成熟したT細胞を作る時に、V、D、Jの各領域からエクソンを一つずつ取り出して三つのエクソンを組み合わせて、新しいDNAを作るのである。これをTCR再構成（厳密にはTCR遺伝子再構成）と呼ぶ。

このやり方は、DNAは不変のまま、たくさんのmRNA（メッセンジャーRNA）を作るオールタナティブ・スプライシングと異なり、DNAそのものを変えてしまうのだ。TCR再構成を受けたT細胞はそれぞれ異なるTCRを作るわけである。

小保方さんのSTAP細胞に話を戻すと、もし、STAP細胞が小保方さんの主張するようにT細胞から作られたとすると、STAP細胞にはTCR再構成が起きていなければならないはずだ。STAP細胞にTCR再構成があるかどうかが大問題だった理由である。

ところで、同じようなDNAの再構成は抗体を作るB細胞でも起きており、歴史的にはこちらの方が先に解明されたのだ。解明したのは利根川進氏。利根川博士はこの業績により1987年のノーベル生理学・医学賞を単独受賞している。すごい大発見だったのだ。

インフルエンザウイルスはなぜニワトリで強毒性になるのか

強毒性（高病原性）の鳥インフルエンザがニワトリを襲う事件が時々起こるが、鳥インフルエンザウイルスは本来、野生の水鳥と共生しているウイルスで、野生の水鳥はウイルスを持っていても滅多に発病することはない。かえってヒナが丈夫に育つにはインフルエンザウイルスに感染した方がよいとの報告もあるくらいなのだ。それがなぜニワトリで強毒性を引き起こすかというと、まず第一に自然宿主ではないからだ。

アフリカで時々流行するエボラウイルスは致死率が極めて高い感染症だが、これも人間に取り付いたのがごく最近なのだ。エボラ出血熱の自然宿主は特定されていないがコウモリではないかと言われている。恐らくコウモリはエボラに感染しても死なないのだろう。コウモリは狂犬病ウイルスの自然宿主としてもよく知られており、大陸のコウモリは狂犬病ウイルスに感染しているものが多いが、発病しない。ところが、このコウモリに噛《か》み付かれたイヌやヒトは時に狂犬病を発病し、発病するとその致死率は99％以上とほぼ助からない。

幸い、日本やイギリス、ハワイ、オーストラリア、ニュージーランドといった、ユーラシア、アフリカ、南北アメリカから隔離された地域では、コウモリからウイルスが見つかっておらず、狂犬病の危険はない。アメリカやフランスなどでもまれに狂犬病を発病する人がいるが、大部分はコウモリに噛まれたのが原因である。狂犬病に罹《かか》った犬は見れば分かるが、コウモリはウイルスをもっているかどうか見ても分からない。有病地に旅行に行く人は充分注意していただきたい。

さて、鳥インフルエンザに話を戻す。本来すべてのインフルエンザウイルスは水鳥と共生しているウイルスだったようだ。昔、流行したスペイン風邪も香港《ホンコン》風邪も、元は水鳥のもつウイルスがヒトに感染するようになったものだ。どんな動物にも感染するウイルスというのは存在せず、ウイルスはそれぞれ感染できる生物あるいは細胞の種類が決まっている。

単純に言えば、ヒトのウイルスはヒトにのみ感染でき、水鳥のウイルスは水鳥にのみ感染できるのだ。ウイルスが細胞に入るためには、その細胞に侵入するための特殊なタンパク質が必要で、これがないと侵入できない。まあ、ドアを開けるカギみたいなものだ。

ところが、ブタは不思議な動物で、ヒトのウイルスにも水鳥のウイルスにも感染する。ブタがヒトと水鳥のウイルスに同時に感染すると、ブタの細胞の中でこの2種のウイルスは遺伝子を交換して、新種のウイルスに変貌《へんぼう》することがある。かくしてヒトの細胞に侵入できる能力を持つと同時に、ヒトに対して強力な殺傷力を持つウイルスが誕生するわけだ。新しいインフルエンザの発祥の地は、いずれも中国の南部だと推定されているが、それはヒトとブタと水鳥（アヒル）が高密度で共存しているからだ。

また、鳥インフルエンザが強毒性になるのは、高密度で飼育されているニワトリがストレスで免疫力が弱くなり、ウイルスが爆発的に増殖するので突然変異の頻度が高くなり、強毒性になる確率が増すからだとも言われている。ニワトリやブタを飼育しているのはヒトなので、結局は人間のせいなのだ。

幼形成熟の謎《なぞ》

ホタルと名前がついていてもホタル科の甲虫ではないものにベニボタルがある。ベニボタル科に分類されるこの虫は、ホタルと同じような形をしているが、前翅《ぜんし》（甲虫の前翅は飛ぶための形から体を保護するための形に変形して、鞘翅《さやばね》とも呼ばれている）が赤色のものが多く、それが名前の由来である。

全世界で3700種、日本では90種が知られ、全世界で2000種、日本で50種のホタルよりも種類が多い。ホタルと違って光らず、頭がすぐ取れてしまうため、私はあまり集める気がしないグループである。

ホタルの幼虫は肉食だが、ベニボタルは何を食べているかあまりよくわかっておらず、一説には朽木中の菌類を食べているのではないかとも言われている。幼虫といえば、日本には棲息《せいそく》していないが、東南アジアの熱帯林に棲息するサンヨウベニボタルは、古生代に棲息していた三葉虫に似ているところからそう名づけられた。メスは幼虫のまま性成熟して繁殖をする特異な生態をもつ仲間で、何種類も見つかっているが、分類学的研究はあまり進んでおらず、種名が分からないものが多い。

この仲間のオスは、卵、幼虫、蛹《さなぎ》、成虫と完全変態をして、成虫は通常のベニボタルの形をしているが、メスは巨大な幼虫形で、昔は別種だと思われていた。ボルネオのキナバル山に棲息するドゥリティコラ属の種では、オスの体長は1センチ足らずなのにメスでは8センチにも達し、全く異なる種に見える。昆虫の成体は頭、胸が三つ、前胸、中胸、後胸のそれぞれに脚が一対、中胸と後胸に翅が一対ずつ、それに10節前後の腹部から成っている。

多くの人は、それが昆虫の一般形だと考えているので、サンヨウベニボタルのメスを見ても、昆虫とは思わないだろう。実際、キナバル山の現地案内人たちはムカデだと思っているみたいである。

蛹にならず、幼虫のまま性成熟することを幼形成熟（ネオテニー）と呼び、最も有名なのはアホロートルであろう。ウーパールーパーという愛称で知られるサンショウウオで、標準和名をメキシコサンショウウオという。サンヨウベニボタルと違うところは、オスの方がメスより大きく、雌雄ともにネオテニーを起こすことだ。不思議なことに、稀《まれ》に変態をしてエラが消失する個体もいるらしい。

両生類の変態にはチロキシンというホルモンが関与していて、ウーパールーパーにチロキシンを投与すると、変態して普通のサンショウウオになると言われているが、私自身は経験したことがないので真偽の程は保証しない。原産地のメキシコのソチミルコ湖はヨウ素が少ない環境で、ヨウ素が必須《ひっす》成分であるチロキシンを作れず、成体になることができないので、種を維持するために仕方なく幼形成熟を行うように進化したのであろう。

幼形成熟は若い体のまま発生が止まるので、寿命が延びると考える学者もいる。実はヒトも幼形成熟により進化したらしい。ヒトの成体は無毛で、顔が平坦《へいたん》、脳が大きく、歯が小さいなど、胎児の特徴をたくさん有している。他の霊長類に比べ、長生きするのはそのせいかもね。

幼虫のまま生殖する種の生存戦略は?

前項で、サンヨウベニボタルの幼形成熟の話を書いたが、昆虫では成体にまで変態せずに、幼虫のまま生殖をする種は多い。タマバエという、虫こぶを作る、ハエというよりむしろカに似ている昆虫は、幼虫の体内の卵が成熟して新しい個体を作る。幼形成熟でしかも単為生殖なのだ。単為生殖の利点は、配偶者を探すといったムダな手間をかけずに、さっさと子孫を殖《ふ》やせることだ。

バラなどの新芽に群がるアリマキ(アブラムシ)は有翅《ゆうし》のメスがまず飛んでやってきて、卵ではなく幼虫を生む。これはメスの体内で卵が孵《ふ》化《か》する卵胎生単為生殖である。生まれた幼虫はさらに幼虫を生み、アリマキの数は加速度的に増えていく。これらのアリマキは最初に飛んでやってきたメスのクローンで、遺伝的組成は同一ですべてメスである。

新芽という限られた資源を他の生物に利用される前にひとりじめしてできるだけたくさんの子孫を作ろうとの戦略なのだ。新芽が硬くなって、もはやここから植物の汁を吸うことが難しくなると、幼虫たちは一斉に翅が生えたメスに変態して、新天地を求めて飛び立っていく。多くは旅の途中で捕食者に食べられたり、力尽きて野垂れ死んだりするのであろうが、何匹かの幸運なメスは首尾よくステキな新芽を見つけて、また同じことを繰り返すのだ。

秋になると、今度はオスとメスが出現して有性生殖をして卵を産む。この卵が冬を越して春に孵化して有翅のメスになり、振り出しに戻るのだ。単為生殖だけだと遺伝的多様性が保たれず、環境が激変したときに絶滅する確率が上昇するので、秋に有性生殖を行うのだ。

アリマキよりもっとすごいのはチビナガヒラタムシという甲虫だ。一科一属一種の体長2ミリメートルくらいの小さな甲虫で、朽木中から見つかるが、日本に元からいたのか、輸入材について入ってきたのか定かではない。最初に見つかったのは北アメリカだが、原産地がどこなのかも定かではない。

日本ではメスしか見つかっていないが、通常は朽木中には幼虫しかいない。有翅のメスがやってきて好適な朽木を見つけるとこれに卵を産む。孵化した幼虫は幼虫を産み、個体数は急激に増加していく。

エサとなる好適な朽木はそんなに多くないので、エサを見つけたら、他の生物に利用される前に収奪し尽くしてしまおうという算段なのだ。アリマキと同じ戦略である。

エサが少なくなって、新天地を探さなければならなくなると、幼虫は変態してメスになり、新しい朽木を求めて移動する。翅があるにもかかわらず飛べないらしく、後翅を羽ばたきながら歩いて移動するらしい。日本では観察されていないが、エサが少なくなったときには、まれにはオスも出現するという。

幼虫の中には変態してメスにならずに、幼虫のまま卵を産む奴がいる。卵から孵《かえ》った幼虫は朽木を食べずに、何と母親の体を食べるというのだ。そうやって育った幼虫は変態してオスになる。

自分の子供に食われる親の心境はいかばかりであろうか。人間でも親のすねをかじって生きている奴もいるので、似たようなものか。

昆虫の成虫の体が再生不能なのはなぜか

昆虫はいろいろな面でヒトと違っている。バッタは卵、若虫《わかむし》、成虫と成長し、若虫と成虫の形態はそれほど違わない。若虫が蛹《さなぎ》にならずに、直接成虫になるタイプの変態を不完全変態と呼ぶ。

一方、成虫の手前で蛹になるタイプは完全変態と呼ばれ、蛹をはさんで成虫と幼虫の形態が全く違う。そのため、不完全変態の幼生は若虫と呼ばれ、完全変態のそれは幼虫と呼ばれる。チョウやカブトムシの幼虫は成虫とは全く似ていない。

蛹を境に全く違う形態になる理由は、蛹のときに細胞のリシャッフルが行われるためだ。幼虫から蛹になるときに、幼虫の体を作っていた大半の細胞はアポトーシス（細胞のプログラム死）で殺され、それとは別の細胞が成虫の体を構成するために分裂して増殖し、新しい器官が作られる。このとき、アポトーシスで死んだ細胞は、新しい細胞の栄養として消化されて使われると考えられている。

昆虫では幼虫の細胞は分裂するが、ひとたび変態して成虫になると、もはや細胞分裂は起こらない。これが何を意味するかというと、昆虫の成虫の体は、一度壊れてしまうと元に戻らないのである。カブトムシの脚は取れてしまうと決して再生しないし、破れてしまったチョウの翅《はね》が元に戻ることはない。昆虫の成虫は精巧極まりない生きている機械なのだ。機械という意味は自らの力で修復することが不可能ということだ。

イモリは脚が取れても再生してくる。ザリガニも同様である。ヒトでさえ爪《つめ》は伸びるし、髪は切ってもまた生えてくる。皮膚に傷がつけば、血が出てカサブタができて、しばらくするとカサブタの下に新しい皮膚が再生してくる。これらは皆、成体の一部の細胞が分裂する能力を有しているおかげである。

再生能力を有している動物にとって、一頭一頭の個体は比較的重要な価値を有しているのだ。だから、ちょっと傷ついたからといってすぐ死んでもらっては困るのだ。繁殖期間が長い動物では、繁殖年齢になって旬日を経ずに死んでしまっては、種や遺伝子の存続がおぼつかない。これらの動物では繁殖年齢が終わるまでは、体を修復する能力は高い。

一方、昆虫は個体数が多いことに加え、成虫の寿命もごく短い。壊れてしまった体を修復するために資源を使わずに、たった一度の生殖のために大半の資源を使った方が賢い。翅がボロボロになった母蝶《チョウ》が懸命に卵を産んでいる姿を見ると、昆虫は生きている機械だとつくづく思う。ヒトはあんなにボロボロになっては子供は産めない。成虫の細胞は分裂しないが幼生の細胞は分裂するので、幼生の脚は再生可能だ。バッタの若虫の脚は取れても再び生えてくることがある。使い捨ての成虫ではあるが、メリットも少しある。それはがんにならないことだ。ヒトの皮膚の表皮や消化管の上皮は、絶えず分裂細胞によりリニューアルされている。分裂がコントロールできなくなり、分裂が止まらなくなったのが、がんである。昆虫の成虫はそもそも細胞分裂が不可能なので、がんが出現することもまたあり得ない。

がんにはなりたくないが、だからといって虫にもなりたくないね。

細胞内の交通を支える微小管の謎

細胞はすべての生物体のユニットで、細胞を持たない生物はいない。ウイルスは細胞を持っていないので、通常生物とは看做《みな》されない。生物は2つの大きなグループに分けられる。原核生物と真核生物である。

原核生物（バクテリア）は1つの細胞からなり、細胞の作りは単純で、核やミトコンドリアなどのいわゆる細胞内小器官を持っていない。真核生物は単細胞の原生生物（ゾウリムシ、アメーバなど）とそれ以外の多細胞生物に分けられ、原生生物といえども細胞の作りは複雑である。多細胞生物の細胞の見かけは組織によって全く異なるが、基本構造は同じである。ちなみに人間の体は37兆個の細胞からできている。

よく知られているように、細胞は１６６５年にロバート・フックが発見してギリシャ語で小部屋を意味する「ｃｅｌｌ」と名づけた。ただし、フックが観察したのはコルクであり、フックが見たのは、死んで細胞の中身が抜けた、植物の細胞壁で囲まれた空間であった。

高校の教科書には細胞の模式図が載っていて、さまざまな細胞内小器官が、部屋の中の家具のように静的に並んでいるが、生きている細胞は動的で、細胞質に含まれる高分子はもちろんのこと、細胞内小器官もダイナミックに動いている。中身はダイナミックに流動しているが、細胞の形はある程度安定している。流動と安定という2つの背反する機能をつかさどっているのが細胞骨格と呼ばれる特殊な構造である。

原核生物にも、単純な細胞骨格が見られるが、真核生物の細胞骨格の複雑さには比すべくもない。真核生物には、マイクロフィラメント、中間径フィラメント、微小管という異なる細胞骨格が見られ、前二者は、細胞の形を維持したり、細胞を変形したり、細胞内小器官の位置を定めたり、隣どうしの細胞をつないだりといった、細胞の構造維持機能を持っているが、微小管は主として、細胞内部の高分子の移動をつかさどっている。

われわれの感覚からすると、細胞も高分子も同じように小さく感じられるが、実は細胞は高分子の1万倍から10万倍も大きいので、細胞内のある場所で作られたタンパク質などの高分子を必要な場所に速やかに運ぶにはどうすればいいかという問題が生じるのだ。物質の自発的な拡散速度は遅いので、速やかな反応には間にあわない。たとえて言えば、人が歩いて数十キロ先に行くようなものだ。現代人は必要ならば、自動車や列車などの乗り物で移動する。実は、細胞の中の高分子も、乗り物に乗って移動するのだ。

微小管は、細胞の中に張り巡らされた道路網または鉄道網である。この上に荷物を運ぶダイニンやキネシンと呼ばれるトラックや列車が高分子を積んで走っているわけだ。微小管には方向性（プラス側とマイナス側）があり、ダイニンはもっぱらプラスからマイナス方向に動き、キネシンは反対にマイナスからプラス方向に動く。人間社会の列車と違って、上り列車と下り列車は全く別のタイプの列車なのである。

Ⅲ

♂と♀
——性と生殖の謎《なぞ》

オスなしで子供を作れるコモドドラゴンの謎

コモドドラゴンはご存じですよね。インドネシアのコモド島とその周辺の島に生息するオオトカゲで、最大個体は全長3メートル、体重150キロを超える。テレビ番組「世界の果てまでイッテQ！」（日本テレビ）の中で珍獣ハンター・イモト（アヤコ）を追っかけていた奴《やつ》である。

歯の間に複数の毒管があり、ここから血液凝固を妨げる毒を出し、かみついた獲物《えもの》を出血性のショックで殺すといわれている。人間もかみつかれると死ぬことがあるようだ。イモトさんはかみつかれなくてよかったね。

ところでコモドドラゴン。もっとすごいワザを持っているのだ。2006年にイギリスでオスとまったく接触しないまま飼育されていたメスが産んだ卵がかえって子供が生まれたのである。こんな大きな動物がメスだけで繁殖可能だなんて、世界が仰天した。DNA検査でも単為生殖が確認できたという。

単為生殖、すなわちメスだけで子供を作ることは、昆虫や魚類ではよく知られていたが、コモドドラゴンまで単為生殖するとはね。私も大いにびっくりした口である。でも考えてみれば、オスなしで子供が作れるのであれば何でオスがいるのだろう。これは生物学上の難問のひとつなのだ。オスとメスの両方がいたほうが多様性が増えて、種の生存のために有利だとの説が有力だが、ヒルガタワムシという生物のグループは、すべての種がメスしかおらず、しかも数千万年にわたって絶滅せずに生き延びてきたと考えられているので、究極的にはオスは不要なのかもしれない。

ところで、普通、単為生殖する生物はメスがメスを産む。子供は母親と同一のDNAをもつクローンである。

たとえば先に述べたヒルガタワムシはメス、メス、メスという系列で世代を繰り返している。コモドドラゴンもメスがメスを産めば、オスがいない集団を作れるわけだが、不思議なことにメスから単為生殖で生まれる子供は全部オスだというのだ。

理由はコモドドラゴンの性染色体にある。オスの性染色体はホモ（ZZと記す）、メスはヘテロ（ZWと記す）なのだ。周知のようにヒトの性染色体はオスはヘテロ（XYと記す）、メスはホモ（XXと記す）である。Z、W、X、Yなどに特に意味はなく、オスがホモの場合はZとWを使い、メスがホモの場合はXとYを使う。単なる記号なのだ。卵や精子を作るときに、染色体数は半減して、受精のときに元に戻る。半減しないと繁殖のたびに染色体数が倍加して大変なことになる。コモドドラゴンのメスの性染色体はZWだから卵にはZまたはWのどちらかが入る。Zの卵から育ったものはオスになるが、Wの卵はうまく育たない。なぜならば、正常な発生にはZは不可欠だが、Wはなくともよいからだ。かくして、コモドドラゴンのメスから単為生殖で育った子供は全員オスになる。

これは結構恐ろしい話だと思う。コモドドラゴンはたとえメス一頭になっても、単為生殖でオスを作り、そのオスと交尾して、オスもメスも作ることができるわけだ。すごいねえ。

ヒトのオスが不要にならずにすんだのはなぜか

旧約聖書では、世界最初の女性イブは、世界最初の男性であるアダムの肋骨《ろっこつ》から神が造ったとされる。世界最初の浮気という小話があって、アダムが浮気をしているのではないかと疑ったイブが、アダムに問い詰めると、「世界にはおまえ一人しか女がいないのだから浮気をするわけないだろう」と言ったという。それでも腑《ふ》に落ちないイブは、アダムが寝入った後で、彼の肋骨の数を数えていたという話だ。

ヒトの肋骨の数は男女とも12対24本である。アダムの肋骨は23本だったのかもしれないが、生物学的に見てどんな生物であれ、オスからメスが生まれることはないから、旧約聖書創世記はインチキである（当たり前か）。

これとは別に、キリスト教には処女懐胎という話があり、新約聖書によれば、聖母マリアは処女のままイエス・キリストを身ごもったとのことだ。

今でも西洋の人々の中には処女のまま赤ちゃんを産んだと主張する女の人が時々現れて物議を醸《かも》しているが、ヒトもまたコモドドラゴンのように単為生殖が可能なのだろうか。

もし可能だとすれば、ヒトの性染色体は女でXX、男でXYで、卵細胞にはXしか存在しないので、単為生殖で生まれた子はすべて女になるに違いない。ここでも聖母マリアの逸話もまたインチキということになる。

実はインチキどころか、そもそもヒトでは単為生殖は原理的に不可能なのである。単為生殖が可能な動物では、究極的にはオスは生きているムダだが、ヒトを含む哺乳《ほにゅう》類では、オスは種の存続にとって不可欠な存在なのだ。これを理解してもらうには、ゲノムインプリンティングという現象を知っていただく必要がある。

単為生殖をする生物はメス由来（場合によってはオス由来）の染色体さえあれば成体を作ることができる。ところが、哺乳類の場合、雌雄両方からの染色体がないと正常に発生しないのだ。ヒトの染色体は46本で半分はオスから残り半分はメスから来る。対になった染色体（たとえば第3染色体）のある特定の場所にはほぼ同じ遺伝子（たとえばA遺伝子）が乗っている。

ところが、いくつかの遺伝子はオス由来のものしか働かず、別のいくつかの遺伝子はメス由来のものしか働かないのだ。たとえばA遺伝子はオス由来のものしか働かず、B遺伝子はメス由来のものしか働かないといった具合だ。

AやBが発生に不可欠な遺伝子だとすると、オスとメスの両方からの遺伝子がないと、正常に発生しないことになる。これをゲノムインプリンティングと呼ぶ。ヒトの場合、受精後、雌性（卵）の染色体が何らかの理由で使われず、精子の染色体だけから発生が始まると、胞状奇胎（ぶどうっ子）という奇形になる。また、未受精卵のみから、または受精後、精子の染色体を使わずに、雌性の染色体のみから発生が始まると卵巣性奇形腫《らんそうせいきけいしゅ》という腫瘍《しゅよう》になる。

なぜゲノムインプリンティングなどというややこしいシステムがあるのかは知らないが、おかけでヒトではオスは無用の長物にならなくてすんだのだ。まあ、お互いご同慶の至りですな。

ライオンのオスの役割とは

人間は本来肉食だったという話を別項に書いたが（282ページ「人類の脳容量が急激に大きくなったのはなぜか」）、肉食獣の典型であるライオンはどんな生活をしているのだろう。ライオンは百獣の王とうたわれて動物界最強といわれているが、生息域がどんどん狭くなっているところから考えても種としては現在あまり成功しているとは思えない。

1万5000年くらい前には、北アフリカはもちろん、南ヨーロッパから西アジアを経てインドまで広く分布していたらしい。人類の数が増えるにつれて、人間に殺されたり生息地を追われたりして、現在は東アフリカと南アフリカのサバンナのほかはインドの西部（ジル国立公園）にごくわずか生き残っているだけだ。

ライオンは獲物を狩るのも実はあまりうまくなく、狩りの成功率は30％くらいだ。

仮に成功率が極めて高いと、ライオンの数がどんどん増え、獲物の数がどんどん減って、ついにはライオンの食べ物がなくなってライオンは絶滅してしまうだろう。30％くらいの成功率でちょうどいいのだろう。

ライオンはプライドと呼ばれる群れを作って暮らしており、1～2頭のオスが何頭ものメスと子供たちとともに暮らしている。オスはブチハイエナを追い払ったり、群れを乗っ取ろうとする若いライオンと闘ったりするほかはゴロゴロしていてあまり狩りもしない。

獲物を狩るのはもっぱらメスの仕事である。ライオンの走りは加速度はあるが、最高速度が多くの獲物より遅く、しかも長く走れないので、メスたちが役割分担を決めて獲物を狩る。数頭が獲物を追い立て数頭が待ち伏せするなど、なかなかの頭脳プレーを展開する。

オスはメスたちの狩った獲物を真っ先に食べる。完全なヒモ生活でうらやましい限りに見える。しかし、それはうわべだけで実はオスも大変なのだ。

オスの一番の仕事は発情したメスと交尾することだ。ライオンのメスが発情すると、オスは食事も取らずに数日間交尾に明け暮れる。交尾時間は約20秒と短いが、交尾を終えたメスは腹を上に向けてひっくり返り、すぐに次の交尾をせがむ。こうやって1

日に50回、場合によっては100回近く交尾を繰り返すようだ。

　この話を聞けば、よほどの好き者でも勘弁してもらいたいと思うよね。オスが数頭いる場合はメスはすべてのオスと交尾する。こうすることで、どのオスの子供か分からなくなり、オスの子殺しを防いでいると考えられる。

　オスがプライドに君臨できるのも数年で、老いぼれて力がなくなると若いオスにプライドを乗っ取られてしまう。乗っ取ったオスはプライドの子供を皆殺しにする。子供を殺されたメスはすぐに発情して新しいオスの子供を産むのだ。子供はプライドのメンバーに分け隔てなく育てられる。

　メスは成獣になってもプライドに留まることが多いが、オスは成獣になる前に追い出される。追い出された若いオスは根性があれば他のプライドを乗っ取ってボスになることができる。

　哀れなのは追い出された老いぼれオスで、野生の獣を狩ることができず、ヒトを襲うこともあるというが、どのみち野垂れ死にだ。

近くのオスより遠いオスにひかれるのはなぜか

私が勤務する学部（早稲田大学国際教養学部）は、学生の3分の1近くが留学生である。当然、国境を越えた恋も芽生える。

以前、和歌山県で動物園から逃げ出したタイワンザルが土着のニホンザルと交配して子ザルを作るという事件があった。ハイブリッドの子ザルたちには十分な繁殖能力があったので、放置しておくと、ニホンザルの集団中にタイワンザルの遺伝子が混入することになる。

外来種排斥原理主義者たちは、これを遺伝子汚染と呼び、速やかにタイワンザルおよび混血ザルを殺戮《さつりく》すべきだとまことに恐るべき主張をした。この理屈に従うと、国際結婚の結果生まれた子も遺伝子汚染ということになる。

別種の間では交尾しても子供ができないか、子供が生まれても繁殖能力がなく孫ができないことが普通なので、通常、遺伝子汚染は生じない。遺伝子汚染が生じるということは要するに同種だということなのだ。

高等動物のメスは、同種であればなるべく遺伝的に遠いオスにひかれる傾向がある。種の存続のためには多様性が増えたほうがいいからだ。だから、これを遺伝子汚染というネガティブなコトバで呼ぶのは問題だと思う。

ニホンザルのメスはエキゾチックなタイワンザルのオスに出合ってポッとほれてしまったのだろう。日本人の女の子がカッコいい異国の男の子にほれるようなものだ。ヒトでも遺伝的に遠い異性を求める傾向があるのは本当で、特に女の人は排卵日には、親しくしている男よりも知らない男の人に魅力を感じるというデータがある。

爆笑問題の司会で「世界の日本人妻は見た！」というバラエティー番組をやっているが、国際結婚をして異国で暮らす女の人は多いが、逆のパターンは少ない。国際結婚をしている日本人男性の圧倒的多数は日本で外国人の妻と暮らしている。妻の出身地は中国、フィリピン、韓国、タイの順でアジア諸国が多く、その他の国は少ない。一方、日本人女性と国際結婚した夫の出身地はアジアに限らずさまざまで、アメリカやイギリスも多く、異国の地で暮らしている日本人妻も少なくない。

単純に言うと、女の人はほれた男の住む土地に移住することをいとわないが、男は多少とも保守的ということなのかもしれない。少し前にマサイ族の第二夫人になった日本人女性の『私の夫はマサイ戦士』(永松真紀著、新潮社)という本をおもしろく読んだが、マサイの女の人と結婚してマサイの戦士となったマサイ族以外の男の人というのは聞いたことがない。

先日も、かつての女子学生から突然のメールが来て、オランダに住んでいるので近くに来たら寄ってくださいとの文面とともに、夫婦と子供の3人で写っている写真が送られてきた。

メスが遠くのオスと性的関係を結ぶのは、ゴリラやチンパンジーにも見られる行動で、1000万年も前のヒト以前の先祖から引き継がれてきた性質なのだ。異国の男子学生と連れだって歩いている女子学生を見ると、当方はついそんなことを思ってしまうが、学生たちは屈託なく、先生コンニチワなんて言っている。幸せに暮らすんだよ。

「女心と秋の空」が移ろいやすいのはなぜか

「女心と秋の空」は女の心は複雑で変わりやすく、男には理解できないことを述べたことわざであるが、江戸時代は「男心と秋の空」のほうが一般的だったそうだ。確かに男尊女卑の社会では男の浮気は許されても、女の浮気は大問題であったろう。女の人は心変わりしても実行に移せなかっただけだったのかもしれない。

ところで、男と女では本当はどちらが複雑なのだろう。心は知らず、生物学的には女のほうが複雑なのは間違いない。

ヒトでは性染色体は女はXXで男はXYなのはすでに別項（135ページ「ヒトのオスが不要にならずにすんだのはなぜか」他）で述べた。Y染色体上には生きるために必須《ひっす》の遺伝子は存在しないが、X染色体上には生きるために必要不可欠な遺伝子がたくさんある。男はX染色体をひとつしか持っていないが、立派に生きている。それでは二つ持っている女の人はさらに立派に生きているのだろうか。まあそういう人もいるだろうが、実はX染色体が二つとも機能すると遺伝子から作られる産物（主にタンパク質）が過剰になって具合が悪いのだ。

たとえば、性染色体ではない常染色体が3本あると具合が悪くなることはよく知られている（21番染色体が生まれつき3本ある人はダウン症になる）。では、X染色体を2本持つ女の人がどうして異常にならないのかというと、1本のX染色体は小さく凝縮して機能しなくなっているからだ。これをヘテロクロマチン＝異質染色体と呼ぶ。

X染色体の片方は父親からもう片方は母親から由来するが、どちらの染色体がヘテロクロマチンになるかは細胞ごとにランダムに決まり、法則性がないのだ。つまり、男では体を作る37兆個のすべての細胞で、46本の染色体が機能しているのに対し、女の体では45本しか機能せず、片方のX染色体は常に不活性化していて、しかもどちらの染色体が不活性になるかは偶然に左右されるのだ。別言すれば、女の体はモザイクなのだ。

デュシェンヌ型筋ジストロフィーという遺伝病がある。徐々に筋肉が破壊され30歳まで生きることが難しい遺伝病だ。原因遺伝子はX染色体上にあり、この遺伝子を母親から受け継いだ男の子が発症する。

この病気の男の子が父親になることはまずないので、女の子は原因遺伝子を持っていたとしても片方だけで、普通は正常である。筋肉を作る細胞はたくさんあり、ある細胞では病気の遺伝子が乗るX染色体が活性化していたとしても、別の細胞では正常遺伝子が乗るX染色体が活性化しているので、すべての筋肉が機能しなくなることは通常あり得ないからだ。

ところが、まれに、悪いほうのX染色体が大部分の筋肉で活性化すると、この女の子は筋ジストロフィーになってしまうのである。どの細胞でどちらのX染色体が活性化するかは後天的に偶然決まるため、たとえ一卵性双生児であったとしても、片方は正常、片方は病気ということがあり得る。

女の人の場合、脳細胞もモザイクのはずだから、女心が複雑でよく分からないのは当然なのかもしれないね。

なぜオスとメスがいるのか

爬虫《はちゅう》類や魚類はメスだけで単為生殖可能だという話はすでにした。コモドドラゴンもメスだけで子を作れるけれどメスしかいないわけではない。オスもいるのだ。何でメスとオスがいるかというと、有性生殖は遺伝的多様性を増やせるからだと考えられている。

メスがメスを産んで世代を継続すれば、子供はみんな母親と同じ遺伝的組成になる。すなわちクローンだ。クローンでもさしあたっては生きるには困らないが、集団がすべてクローンになると、絶滅確率が高くなる。同じ遺伝的組成であれば、環境変動や感染症に対する抵抗力もほぼ同じだと考えてよい。するとたとえば新しい感染症がクローン集団を襲ったときに、すべての個体が抵抗力に乏しいということになりかねない。その結果、集団は絶滅の危機に直面する。

19世紀の半ばアイルランドを襲ったジャガイモ飢饉《ききん》は好例であろう。1845年にポテト・ブライトと呼ばれるジャガイモの病気がヨーロッパを襲った。特にひどかったのはアイルランドで、当時栽培されていたジャガイモの大半は、1845年から1849年の大流行で壊滅した。栽培されていたジャガイモはほぼ同一品種のクローンで、病原体のカビに対する抵抗力が弱かったのである。ジャガイモを主食にしていたアイルランドの人たちは飢えに直面し、総人口900万人のうち100万人が死亡し、150万人がアメリカに移住した。ジャガイモがクローンでなければ、中には抵抗力のあるものもあり、こんな悲惨なことにならなかっただろうといわれている。

アメリカに移住した人々の子孫はアイリッシュ・ディセントと呼ばれ、ケネディやレーガンといった大統領を輩出したので、ジャガイモ飢饉は世界史を少しだけ変えたといえなくもないが、それはまた別の話である。

というわけで、単為生殖が可能な動物でも通常はオスがいるのだ。ところが、生物に例外はつきもので、メスしかいない集団もある。奈良の春日山《かすがやま》にクビアカモモブトホソカミキリという、首が赤くてももが太くて体が細いカミキリムシがいる。そういわれても常人にはどんな格好のムシか分かるわけないけどね。これがメスしかいないのだ。オスは全くいない。

不思議なことに西表島《いりおもてじま》や台湾の集団にはメスもオスもいる。この集団は別種だと主張する人もいて、チュウジョウクビアカモモブトホソカミキリというカミキリムシとしては日本一長い和名がついているが、私は同種だと思っている。

この虫は春日山以外にも岡山県や最近は静岡県でも採《と》れているようであるが、いずれにしても本州の集団にはオスはいない。本州はこの虫の分布の北限にあって、この虫にとっては生き続けるにはかなり過酷な環境なのであろう。

クローンの遺伝的組成はこの環境に適応していて、有性生殖をして遺伝子を組み換えると、非適応的な個体が出現するのかもしれない。しかし、右を向いても左を向いても、みんな自分と同じ個体というのも面白くないと思うんだけどね。

生殖能力を放棄した「兵隊アブラムシ」とは

兵隊アブラムシをご存じだろうか。

アブラムシといっても台所をはっている奴ではなく、植物の新芽に付いているアリマキの方だ。ハチやアリの中には、女王や王、労働階級、兵隊とさまざまに機能分化した個体を擁して集団で生活する、いわゆる真社会性を持つものが古くから知られていたが、アリマキの中にも真社会性を持つ種がいるのだ。

兵隊アブラムシは敵と闘うために特化した幼虫で、親になれずに兵隊のまま一生を終える。1970年代の半ば、当時まだ北大の大学院生だった青木重幸氏が、アブラムシの一種、ボタンヅルワタムシで兵隊カーストを発見し、学界に衝撃を与えた（学界といっても、社会性昆虫を研究している研究者だけだけどね）。青木氏は私とほぼ同年だったこともあって、すごい人がいるなあ、と尊敬の念でこの発見の知らせを聞いたのを覚えている。

普通のアブラムシはアリに守ってもらっている。アリはアブラムシが分泌《ぶんぴ》する甘い露を吸いたくてアブラムシの集団に寄ってきて、甘露をもらうかわりに、テントウムシなどのアブラムシの外敵を追っ払ってくれる。アリマキという名の由来だ。

しかし、あまりアリに守ってもらえない種もいて、これらの種は兵隊を持って自衛している。それが兵隊アブラムシだ。

新芽にたくさんついているアブラムシは、環境が悪くならない限り、無性生殖で殖《ふ》える。無性生殖の集団は、元は1匹のメスから生まれたクローンですべてメスだ。遺伝的にはまったく同じクローンの一部だけが兵隊になり、他のものは親になる。兵隊になる幼虫は、形態が変化して、あごが大きくなり、はさみを持ち、生殖能力を放棄して集団を守るためだけに生きるのだ。

この話のすごいところは、全く同じ遺伝子を持つ、人間で言えば一卵性双生児の片方が兵隊になり、もう片方がノーマルな個体になることだ。遺伝子だけが形態を決めているという仮説が正しくないことが、この現象からよくわかる。

遺伝子は存在しても発現しなければ機能しない。兵隊アブラムシとノーマルなアブラムシとでは、存在する遺伝子はすべて同じでも、発現している遺伝子が異なる。発生途中の後天的な原因により、遺伝子の発現パターンに変化が起こるのだ。

人間でも、兵隊アブラムシほど極端ではないが、後天的な原因で遺伝子の発現パターンが変化することがある。たとえば、ずいぶん前にサリドマイドという睡眠薬を妊娠中に飲んでいた女の人から生まれた赤ちゃんの四肢が未発達になるという事故が続いたことがあった。これはサリドマイドが四肢を首尾よく造る遺伝子の産物に作用して、その機能を阻害した結果である。

遺伝子自体が変異を起こしたわけではないことは、この障害を持つ人から生まれた赤ちゃんが正常だったことからも明らかだ。DV（ドメスティック・バイオレンス）も小さい時に虐待を受けて、脳の構造が多少変化することが一因と考えられる。後天的な原因が形態や行動に大きな影響を与えるのは昆虫も人間も同じなのだ。

クマノミが性転換するのはなぜか

サンゴ礁《しょう》には実に多種多様な魚たちがいる。中でも一番人気はクマノミだろう。映画『ファインディング・ニモ』のモデルとなった魚で、日本には6種産する。ハタゴイソギンチャクと共生するカクレクマノミが有名だが、他のクマノミもそれぞれ決まったイソギンチャクと共生する。

イソギンチャクは口の周辺に毒のある触手を持ち、他の魚が近づかないので隠れ家として都合がいいのだ。ではなぜクマノミは毒にやられないのかというと、実は小さい時から毒の中で生きることによって耐性を獲得するらしい。

一方、イソギンチャクの方はクマノミがいても大した利益を得ているようにはみえないので、この関係は片利共生の例だといわれていた。しかし、時々クマノミは弱って死にそうになった魚をイソギンチャクの中に引っ張ってくることがあるので、イソギンチャクもクマノミから多少利益は得ているようだ。イソギンチャクは毒の触手で小魚をまひさせて食べるので、クマノミがエサの魚を連れてきてくれるのはありがたいのだ。

クマノミはイソギンチャクから遠く離れることはないようで、敵らしき者が近づいてくると追いかけて追い払うが、すぐにまたイソギンチャクの中に潜ってしまう。先日訪れた八重山諸島のパナリ島のサンゴ礁で見つけたハマクマノミもまことに気が強く、すみかに近づくと、自分よりはるかに大きい人間に対しても、攻撃をかけてきた。

クマノミはまた性転換する魚としても有名で、生まれたばかりの時はオスでもメスでもなく、しばらくするとオスになり、さらに大きくなるとメスになる。人間のように遺伝的に雌雄が決まっているのではなく、性ホルモンの違いによって精巣が発達するか卵巣が発達するか決まるのである。

クマノミは普通イソギンチャクのすみかの中に、メスとオスと子供が同居している。メスは産卵しようとするときに小さな声で鳴くらしい。これはオスに産卵床を掃除するように催促する合図だといわれている。この合図が聞こえると、オスが飛んできて（いや泳いできて）せっせと産卵床となる岩場を掃除する。クマノミのオスは早く大きくなってメスになりたいと思っているのかどうか。それは知らない。

サンゴ礁の魚には性転換する種が多く、クマノミのようにオスからメスになるものもいれば、逆にメスからオスになるものもいる。前者はクロダイ、コチなどで、後者はキュウセン、キンギョハナダイなどだ。性転換する魚はハーレムを作るものが多く、ハーレムの主はたくさんの子孫を残せる半面、主になるのは大変なのだ。

メスからオスへ性転換する魚では、小さいオスが頑張ってハーレムの主になろうとしても、大きいオスにやられてしまうので、自分が一番大きくなるまでは、メスとして卵を産んでいた方が、自分の子孫を残すという観点からは賢いのである。

逆に幸運にもハーレムの主が死んで、見回すと自分が一番大きいメスであった場合は、即座にオスに変身すれば、子供をたくさん残せるのだ。性が固定されている人間から見ると不思議だけれど、実は魚の方が合理的だ。

昆虫のメスが生涯数度しか交尾しなくても受精卵を産み続けるのはなぜか

アメリカのアリゾナ砂漠にアカシュウカクアリ（ヒゲアメリカナガアリ）と呼ばれる体長1センチほどのアリが生息している。アリの生活は人間から見ると常軌を逸しているが、このアリの習性もなかなかすさまじい。

年に一度、初夏の強い雨が降った後の晴れた日の午後、砂漠にたくさんあるコロニーから、有翅《ゆうし》のオスアリとメスアリがいっせいに飛び立つ。アリたちは電話もメールも持たないのに、どうやって同じ日に飛び立つことができるのだろう。飛び立った有翅個体は甘い香りを放ち、これに刺激されて次々にコロニーから有翅個体が飛び立って、結果的にある地域のすべてのコロニーがあらかじめ約束していたかのように同じ日に有翅個体を飛び立たせるのだろう。たくさんのコロニーから出立したオスとメスが同時に結婚飛行をすることで、さまざまな遺伝子が混ざって、遺伝的多様性が保たれるに違いない。

結婚飛行を終えた有翅個体たちは地上に降り立って交尾をする。1匹のメスに何匹ものオスが群がって交尾の順番を待っている。しかしメスは数匹のオスと交尾すると、つきまとうオスを振り払って飛び立つのだ。

夕方になるとオスはヤブの下などに寄り集まって暖を取り、翌朝になると今度は木陰を求めて動き回るが、かわいそうに2日もたたずに全員が死んでしまう。オスは口が退化して食物を取ることができず、交尾が終わったら死ぬように運命づけられているのだ。

一方、メスは地上に降りるとすぐに巣作りを始める。しかし、大半の女王は巣作りを始める前にさまざまな捕食者に食べられて、その死亡率は99％にも達するという。まれな僥倖《ぎょうこう》にめぐまれた女王だけが巣作りを始められるのだ。

最初に産む数個の卵は不妊のメスであるハタラキアリに育つ。女王は自分の脂肪を与えて最初のハタラキアリたちを育てる。これらのハタラキアリたちが育って成虫になると、女王は卵を産むことに専念して他の仕事はしなくなる。女王が産むことができる子は女王、不妊のメス（ハタラキアリ）、そしてオスアリである。

オスアリは未受精卵から育つので、交尾をしていないハタラキアリでもオスアリを産むことができるが、女王とハタラキアリは女王にしか作れない。この際に使う精子は、結婚飛行の日に数匹のオスから手に入れたものだ。コロニーは最長20年も存続するので、オスの精子もメスの体内で20年も生き続けることができる。トラは死んで皮を残し、オスアリは死んで精子を残すというわけだ。

昆虫のメスは受精嚢《のう》という器官を体内に持っていて、ここに精子をためておくことができる。だから生涯に数度しか交尾しなくとも一生の間受精卵を産み続けることができるのだ。幸か不幸か人間には受精嚢がないので、子孫を作るためには、その都度セックスをしなければならない。

めんどうだと思うか、ラッキーと思うかは人それぞれだけれども、最近は精子の冷凍保存という方法もあるので、生殖のためには精子さえもらえば、オスは不要になった。ヒトもムシ並みになったということですな。

オス・メスを決めているのは何か

別項で何度か書いたように（135ページ「ヒトのオスが不要にならずにすんだのはなぜか」他）、ヒトを含めた大部分の哺乳類では、オスの性染色体の組み合わせはXY、メスではXXである。卵や精子は減数分裂で作られるので、卵の中の性染色体はX、精子の中の性染色体はXかYである。これが合体してXYになればオスに、XXになればメスになる。

ここまでは常識であろう。さらに、生殖細胞を作る際に不等分割が起きて、性染色体の組み合わせがX、XXX、XXY、XYYなどになる人がいて、それぞれ、ターナー症候群、トリプルX症候群、クラインフェルター症候群、XYY症候群と呼ばれ、ノーマルな人に比べ多少異常になることが分かっている。これも知っている人は多いだろう。

すでに書いたように、Ｘはひとつ以外は不活性化されてしまうので、Ｘ、ＸＸＸはXXとさして変わらず、ＸＸＹもXYと大きな違いはない。常染色体の本数異常は重篤《じゅうとく》な病気を引き起こすが、性染色体の本数異常が軽い症状に留まる理由はここにある。

さて、ここまでは知っている人でも、XXでもほぼ正常な男の人になる場合や、XYでもほぼ正常な女の人に育つ場合があることは恐らくご存じないであろう。実はオス・メスを決定するのはＹ染色体そのものではなく、Ｙ染色体上のＳＲＹ（Sex determining region Y）という遺伝子なのだ。

この遺伝子は受精後7週目から8週目にかけて短期間だけ働き、後は眠ってしまう。ＳＲＹはオス化を促すメインスイッチで、この遺伝子がオンになると、次々とオス化を促進する遺伝子たちにスイッチが入って、オスが生まれるのだ。このスイッチがオフのままだと、胎児はメスに育つ。だから哺乳類ではメスがデフォルト（初期設定タイプ）で、オスは修飾タイプなのだ。

胎児の外性器もＳＲＹが働く7週以前には、基本的にメス型である。ＳＲＹが働き出してオス化を促す遺伝子のスイッチが次々にオンになると、外性器もオス型に変化する。陰核は大きくなって陰茎になり、小陰唇《しょういんしん》は陰茎を包む皮、大陰唇は陰嚢になる。見てくれはだいぶ異なるが、男女の外性器は相同器官なのだ。

ところで減数分裂をする際に、相同染色体同士がぴったりと寄り添う対合という現象が起こる。対合の間にＤＮＡの組み換えが起こる。相同染色体のＤＮＡ同士を多少交換して、子孫の遺伝的多様性を増加させる役割を持つと考えられる。ＸとＹは相同染色体ではないが部分的に相同な所があって対合し、その際、ＤＮＡを部分的に交換するのだ。

そのときまれに、ＹのＳＲＹをＸに渡してしまうことがあるのだ。その結果生じた精子には「ＳＲＹを持つＸ」と「ＳＲＹを持たないＹ」が入ることになる。前者の精子で受精した卵はXXでありながらＳＲＹを持ち、後者はXYでありながらＳＲＹを持たない。何が起きるかというとXXを持つ男の子とXYを持つ女の子が生まれることになる。

両者ともほぼ完璧《かんぺき》な男女になり、不妊になることを除き、普通の男女と見た目は全く区別できない。アメリカでは６００人に１人はこういったタイプの人であるといわれており、無精子症の男子は、もしかしたらXXかもしれない。

男と女の心性の違いは何に起因するのか

人間の男と女はY染色体にあるSRY遺伝子が受精後7週目から8週目にかけて働くかどうかで決まる話は前項で述べた。SRYが働き出すと、次々に男性化の遺伝子のスイッチが入って体も心も男性化するのだ。

しかし、このプロセスは必ずしもスムーズに進むとは限らず、中には体は男性化しても心（脳）は男性化しない場合もあるのだ。というのは脳の性別が決定する時期は体の性別が決定する時期より遅れるので、この間に体の性別と整合的でない状況があると、体と脳の性が分離してしまう可能性があるのだ。

男脳と女脳の違いは見かけ上はごく微細で、右脳と左脳を連絡する脳梁《のうりょう》の後部が女の人では大きく、視床下部にある分界条床核と間質核の第一核は逆に男の人で大きいことが分かっている。この違いは心の性アイデンティティーにとって決定的に重要なようで、例えば体は男性、心は女性の人の脳を調べてみると、分界条床核の大きさは女の人の脳のそれと同じであることが分かっている。

脳の構造的な違いで性アイデンティティーが決まるとしたら、これを後天的に変えるのは難しい。これに関して、興味深い逸話がある。生後8カ月の男児が包皮切除の失敗でペニスを失った。両親は性は後天的な環境で決まると考える研究者の助言に従って、精巣を除去し、人工的に膣《ちつ》を作って女の子として育てた。ところがこの子は小さい時から自分を女の子として認めるのをいやがり、フリルのついた服を脱ぎ捨て、人形を拒否してピストルを欲しがり、男の子と遊ぶのを好み、立っておしっこをすると言い張ったという。14歳の時、あまりにもつらいので男として生きるか、さもなくば死のうと決意したところ、父親が真実を話し、新たに手術を受けて男のアイデンティティーを身につけて、女性と結婚したという話だ。この例では性アイデンティティーは変えられなかった（ピンカー著『人間の本性を考える』）。

一方、性アイデンティティーを後天的に変えられたという話もあって、体の性別と同様に脳の性別も、男脳、女脳という決定的な二分法には収まらず、中間的な人もいるに違いない。注意しなくてはいけないのは、体の性も脳の性も、厳密に遺伝的に決定されているわけでなく、SRYの存在や活性化の有無および胎児の時の環境が大きく関与していることだ。

そうはいっても、ひとたび決定された男脳と女脳は簡単には変えることができない。男と女の心性の違いは、脳の違いに起因するところは大きいと思う。

たとえば、昆虫標本をはじめ、切手、コイン、骨董《こっとう》は言うに及ばす、マッチのラベル、古いポスターなどのガラクタのコレクターは圧倒的に男が多い。これは男脳と密接な関係があるに違いない。コレクターが高じると何でもかんでも拾ってきて家の中や庭などに積み上げ、ついにはゴミ屋敷になってしまう。

女の人は系統的なコレクターは少ないが、あまり高くない品を見境なく衝動買いする人が結構いて、これは女脳の特徴みたいだ。こういう人にクレジットカードを持たせておくと、あっという間に借金がふくらんで、気がつけば自己破産ということになる。

なぜオスは大きな角を持つのか
——オオツノコクヌストモドキの場合

オオツノコクヌストモドキというささか長い名称をもつ甲虫がいる。体長5ミリメートルの小さな虫だ。コクヌストとは穀盗人のことで、穀物の害虫の名前である。それに似ているが違う仲間なので、モドキがついているのだ。オオツノコクヌストモドキとは大きな角（実は大顎《おおあご》）を持つコクヌストモドキという意味だ。コクヌストモドキも同じような穀物の害虫だが、頭に角を持たない。

オオツノの方もメスには角はなく、オスにだけ角がある。なぜオスにだけ角があるかというと、メスは角が大きく戦いに強いオスを求めるので、オスは徐々に角が大きくなったという説が唱えられていた。しかし、最近、岡山大学の岡田賢祐《けんすけ》助教は、メスは強いオスよりも、求愛の上手なオスを好むことを突き止めた。人間でもマッチョな強い男性よりも、優しい男性を好む女性の方が多そうだ。

　この虫のオスはどうやってメスの気を引くかというと、足でメスの体をたたいて求愛するらしい。岡田助教の実験によると、たたく回数の多いオスほどメスに好かれることがわかったという。確かにオス同士の戦いでは角の大きなオスの方が強そうだが、いざ戦いに勝っても、メスに好かれないようでは、何のために戦ったのかわからない。

　それでは、なぜオスは大きな角をもつのか。どうも謎《なぞ》である。生物の体に存在するものには何であれ適応的な意味があるはずだというのは、機能と効率というイデオロギーに縛られている現代人の偏見なのかもしれない。

　男性はジジイになると耳の穴の入り口の辺りに毛が生えてくるが、この毛にどんな意味があるのだろうか。ジャマなだけである。われわれの体には機能を持たない存在物も多く、あるものにいちいち理由などないと考えた方が正しいと思う。

　オスとメスの体が大きく違う動物はたくさんいて、総じてオスは大きく美しく、メスは小さくて地味である。ハーレムを作る動物では特に雌雄の大きさの差が激しい。たとえば、キタゾウアザラシではオスの平均体重は１８００キログラム、メスは４９０キログラム、ミナミゾウアザラシでは、オス２２００キログラム、メス５００キログラムである。ミナミゾウアザラシのオスの最大個体は４０００キログラムに達する。

ゾウアザラシに関しては、大きくて強いオスほどメスと交尾できるチャンスが多く、オスの体はどんどん大きくなった、という説はもっともらしいが、この説が他の動物にも当てはまるわけではない。

クジャクのオスは大きくて美しい飾り羽を持ち、以前はこれはメスの気を引くための大きな武器だと考えられていた。しかし、最近の研究によると、どうもメスは連続してよく鳴くオスを選び、羽の美しさはどうでもよいみたいだ。これでは何のために多大な資源とエネルギーを費やして、立派な羽を作ったのかわからない。クジャクのメスもオオツノコクヌストモドキのメスと同じように、見てくれよりもコミュニケーション能力に秀《ひい》でたオスを選ぶみたいだ。

こういった話を聞くと、イケメンでもなければ強くもない男性にもチャンスがあるような気がして、元気がでるよね。

Ⅳ

環境と生態の謎《なぞ》

ナマケモノはなぜ「怠け者」なのか

ナマケモノという動物がいる。南米から中米の熱帯林に棲《す》み、生涯のほとんどを樹上で暮らす。最初に見たヨーロッパ人は全く餌《えさ》を食べずに風から栄養をとっていると思っていたという。年取った個体は背中にコケが生えている奴《やつ》もいるというから、そう思ったとしても無理はない。どんな怠け者の人間でも背中にコケが生える人はいない。時々、コケではなくカビが生えている人はいるけどね。これは水虫か。

1日に食べる餌の量はわずか葉っぱ8グラムだとか。哺乳《ほにゅう》類のくせに変温動物なので、こんな生活が可能なのだ。

恒温動物だと基礎代謝を維持するためにかなりのエネルギーを使うので、寝ている間にも腹がへるが、ナマケモノは体温を落として寝ていれば、エネルギーはほとんど使わないですむ。1日に20時間も寝ているというから、ほとんど食べなくても大丈夫なのだ。

ちなみにナマケモノに次いでよく眠る動物はオポッサムやアルマジロで17～19時間、ネコやネズミもよく眠るようで、13～14時間。ブタはヒトと同じく8時間、チンパンジーもほぼ同じくらい。反対に余り眠らない動物はウシ、ヤギ、ロバ、ゾウなどで3時間、ウマはもっと少なくて2時間で平気らしい。

なんと全く眠らない動物もいて、イルカは0時間といわれている。イルカが眠らないのは右脳と左脳が交代で眠っているからだ。ずいぶんと器用な動物だね。

さて、ナマケモノだけど、そんなわけでウンコも1週間に1回しかしない。樹《き》から降りてきて、根元の土をちょっと掘ってそこにするという。用がすんだ後は土をかけて、またノロノロと樹に登っていく。土をかけるなんてナマケモノの割には律義《りちぎ》だねえ。ウンコが樹の栄養になって、ひいては自分たちの食物として戻ってくることを知っているのかもしれない。エコロジカルな動物だ。

もっともノロノロしているのは速く動きすぎると、体が熱くなって死んでしまうからだとの説もある。一方で、樹から落ちたときは案外素早く動いて元に戻るという話や、水中に落ちると上手に泳ぐという話もあって不思議な動物である。

じっとして動かないので捕食者には見つかりづらいのだろうが、ひとたび見つかるとほぼ逃げられずに食われてしまうというからちょっと哀れだ。でも太古から絶滅しないで生き延びているのだから、種の生存戦略としてはこれで十分なのだろう。ナマケモノを主に餌にしているのはオウギワシ、ピューマ、ジャガーなどであるが、全部食べ尽くしてしまうと自分たちも困るので手加減しているのかもしれない。

手加減しないのは人間だけで、約1万年前に南米大陸にたどり着いた人類は、そこに生息していたメガテリウムという体重3トンにも及ぶ巨大な地上性のオオナマケモノを狩り尽くしてしまったようだ。人類の自然破壊は今に始まったことではないのだ。人間はナマケモノと違って捕食者に食われることはないのだから、もう少し怠けてもよいと思うのだけれどもね。

草食動物はどうやってタンパク質を摂《と》るのか

　草食男子というわけのわからないコトバが流行語になったが、本物の草食動物は肉も魚も食べない。ベジタリアンを自任する人でもたいていは卵だけは食べる。人間は草食動物ではないので草だけ食べて長生きすることは難しい。われわれの体はタンパク質と水でできているが、草にはタンパク質がわずかしか含まれていないため、草だけ食べているとタンパク質が不足するのだ。

　それではウシやウマといった草食動物はどうやってタンパク質を摂っているのだろうか。動物は自力でアミノ酸を合成できないが、植物やバクテリアは無機物からアミノ酸を合成できる。すべての生物は20種類のアミノ酸をさまざまな組み合わせでつないで、膨大な種類のタンパク質を作っている。

　周知のようにウシは反芻《はんすう》動物で食べた草を口に戻してまた胃に戻すといった器用な

ことをしているが、四つある反芻胃の第一胃と第二胃にはバクテリアや原生動物が棲んでいる。実はウシが食べる草はウシ自身のエサというよりもむしろ、バクテリアのエサなのだ。バクテリアは草を食べて自分の体を作る。ウシの反芻胃の中にはゾウリムシやアメーバのような原生動物もたくさん棲んでいて、これらはバクテリアを食べて生きている。

これらの微生物たちは第一胃と第二胃でバクテリアが草から発酵させた有機酸とともに第三胃に送られ、そこで水を吸収されて第四胃に送られる。ここで、バクテリアや原生動物たちは殺されて、その体を作っていたタンパク質はアミノ酸に分解され、消化吸収されてウシの体を作ったり、牛乳になったりするのである。

単純に言えば、ウシは自分の腹の中に牧場をもっていて、バクテリアや原生動物を飼育しており、毎日それを殺して食べているのである。人間はそのウシを牧場で飼って殺して食べているわけだ。人間はなんて恐ろしい動物なんだろう。

ところで人間も膨大な腸内細菌を飼っているが、残念ながらこれらのバクテリアは栄養としてはほとんど役に立たないようだ。腸内環境を整えるという意味では大いに役立っているけどね。

それではウマについてはどうだろうか。ウマは反芻胃を有していないし、ウシのようにタンパク源となるようなバクテリアを飼っているわけでもない。その点では人間と同じだ。そうなると肉を食べずにどうやってタンパク質を摂るのだろうか。

ウマは膨大な量の草を食べることで、必要なアミノ酸を摂っている。草の大半は炭水化物なので、必要な量のアミノ酸を摂るためには、ものすごいカロリーを同時に摂取することになる。

さてどうするか。ウマはこのカロリーを消化するために毎日激しい運動をしているのである。ウマが走るのが大好きなのは、走らないとメタボのウマならぬブタになってしまうからだ。その点ウシはのんびりしていても平気である。

ちなみにラットは穀物食で、ウマと同じように運動しないと超肥満になる。実験室のラットは回転カゴの上を一晩に10キロも走る。走らせないと300グラムのラットが1キロにもなり歩けなくなるらしい。

毒をもつのはどんな動物か

20年ほど前にオーストラリアに1年間滞在していたことがあった。時々海に遊びに行ったが、あるとき、岩場の潮だまりにいた小さなタコを捕ろうとしていた子がいた。タコは触れられたとたんに変身し、美しい水色の豹紋《ひょうもん》を体表面に浮かび上がらせた。ヒョウモンダコだ。

私はとっさにこの子を制止して事なきを得たが、このタコは猛毒で、唾液《だえき》中にフグ毒と同じ成分であるテトロドトキシンが含まれ、噛《か》まれると命にかかわるのだ。普段、豹紋は消えているため、うっかり触れて噛まれる事故が時々ある。

ヒョウモンダコは動きもあまり速くなく、他のタコのように墨も吐かない。海の中の大型の捕食者たちは、このタコが危険だということをよく知っているので、逃げる必要がないのであろう。知らない土地に行って知らない動物に出合ったとき、美しくてのろまなやつは有毒の危険動物だと思った方がいい。

沖縄に行ってハブに出合った人は経験があるだろうが、ハブは決して逃げない。この世で一番強い動物は自分だと信じているかのようだ。

実際、マングースが人為的に導入されるまでは、沖縄には人間をのぞきハブより強い動物はいなかったのだ。人類が沖縄に侵入したのはたかだか3万年ほど前だから(知られる沖縄最古のホモ・サピエンスは石垣島の白保《しらほ》竿根《さおね》田原《たばる》洞穴遺跡で見つかった2万7000年前のものだ)、それ以前は長い間、ハブが沖縄最強の動物だったことは間違いない。

沖縄から南に行くとマダラチョウの仲間がたくさんいる。この仲間のチョウは有毒でまずくて鳥に食べられないので、飛び方もゆっくりで、非常にきれいだ。

インドシナ半島にはこれに擬態したマネシアゲハというチョウがいて、こちらは無毒である。マネシアゲハは斑紋《はんもん》もマダラチョウによく似ていてマダラチョウの集団に混ざってゆっくりと飛んでいる。

ところが、驚くと、いきなり飛び方が速くなって逃げる。火急の時になると本性が出るのだ。いざとなったら家族を守ると威張っていた男が、大地震の時に真っ先に逃げ出すようなものだ。

そのうち食糧難になって昆虫でも何でも食べて生き延びなければならないハメになったときは、地味で素早く逃げるやつは食べられると思って間違いない。たとえば、ゴキブリである。ゴキブリを食べるくらいなら飢え死にした方がましだ、と公言している知人もいるが、こういう人だって、いざ飢え死にしそうになったらゴキブリでも何でも、食べられる物は食べるに決まっていると思う。

実際、昆虫料理研究家の内山昭一さんは名著『楽しい昆虫料理』（ビジネス社）の中で「マダガスカルゴキブリはクセがなくて淡泊なので、どんな料理にも使えて便利です」と書いているくらいだ。

自分が美味なのはゴキブリ自身も知っているようで、中には有毒のテントウムシに擬態している種類もいる。普段はゆったり歩いていて捕らえようとすると素早く逃げるのだろうね。きれいな女の人でも、口説き始めると逃げ出す人と、逃げない人がいるが、後者の女の人には、もしかしたら毒があるのかもしれないね。

虫の分布は何によって決まるのか

ツマグロヒョウモンという蝶がいる。メスの翅《はね》の先端部が黒くなっているので「褄《ツマ》黒豹紋《グロヒョウモン》」と呼ばれる。豹紋は豹紋蝶の略で、虫の名前は大体長くなるので、最後の所属を表すチョウとかカミキリムシとかは略して呼ばれないことが多い。カラスアゲハやツマグロヒョウモンをカラスアゲハチョウとかツマグロヒョウモンチョウとか呼ぶ愛好家は見たことがない。

カラスアゲハなどはアゲハも省略して単にカラスと呼ぶ蝶屋さん（蝶の愛好家は蝶屋、カミキリムシの愛好家はカミキリ屋と呼ばれる）が多いが、カラスが飛んでいると言われれば、普通の人は鳥のカラスを思い浮かべるであろうから、虫屋にしか通用しないジャーゴン（隠語）であることは確かだ。

ヒョウモンチョウは豹柄の斑紋をもつヒョウモンチョウ族に分類されるチョウの総

称で、多くは北半球の温帯から寒帯に分布するが、ツマグロヒョウモンは例外的にアフリカ北東部から東南アジアの熱帯に分布している。メスの翅先だけが黒いので妻黒豹紋でもいいんじゃないかと思う人もいそうだが、別にメスグロヒョウモンという種もいて、こちらはメスの翅の地色が黒い。

ツマグロヒョウモンは20年少し前ぐらいまでは近畿以西にしかいなかったが、この20年の間にどんどん北に分布を広げ、東京都内では今や最普通種になってしまった。地球温暖化のせいだという人もいるが、主たる原因は郊外を中心に食草のパンジーの栽培が盛んになったためだと思う。

虫の分布がなぜ決まるかはわれわれには計り知れない謎であって、たとえばオオミスジという梅の葉を食べる蝶は、甲府市の北の方の梅林にはたくさんいるのに、八王子市高尾（東京）の梅林には全くいない。気候にさほど違いがあるとは思えないのに不思議だ。

最近、ナガサキアゲハという南方系の蝶も北上傾向が強く、先日も早稲田大学の早稲田キャンパスを飛んでいるオスを見かけた。この種はミカン類を食べるので、東京に分布していても不思議はないが、戦前は九州以南にしかいなかったものだ。ナガサキアゲハと並んで大型のモンキアゲハはやはりミカン類を食する南方系の蝶で、以前から関東以西に分布していたが、さらに北に分布を広げる傾向は見られない。

一方、ルリボシカミキリという日本一美しいカミキリムシはブナなどを食する中山性の種であったが、近年分布を低地にまで広げて、高尾の自宅周辺や町田市（東京）でも見られるようになった。虫の分布要因はあまりよくわからないのだ。

ところで、ツマグロヒョウモン。オスはほかのヒョウモンチョウとよく似ていて、飛び方もヒョウモン類の飛び方だが、メスは毒蝶のカバマダラに似ていて、飛び方もカバマダラそっくりにゆっくり飛ぶ。これは鳥に食べられないための擬態といわれているが、カバマダラは奄美《あまみ》大島《おおしま》以南にしか分布せず、日本の大部分の地域では擬態の効果はない。

ゆっくりと飛んでいても鳥に食べられないのは、鳥が毒蝶だと思って警戒するからだと、まことしやかにいわれていたが、擬態の効果はなくともどんどん増えているのだから、この説明はどうやらウソのようだ。

擬態の謎〔一〕

哺乳類や鳥類にとって、毒をもつハチは手ごわい相手である。食べようとして刺されると大変なので、ハチを攻撃する動物は多くない。まれにハチクマ（タカの一種）のようにスズメバチやアシナガバチの幼虫やサナギを主食にするものもいるが、これは羽毛が硬くてハチの針がささらないためである。まあ何にでも例外はあるということなのであろう。

「虎《トラ》の威を借る狐《キツネ》」ということわざがあるが、「蜂《ハチ》の衣を借る虫」もまたたくさんいる。外見がハチそっくりなばかりでなく行動もよく似ているのだ。ネキダリスというハチに擬態したカミキリムシもそんな連中の仲間である。日本には記載され名前が付いているものが13種（2種の亜種を含む）いるが、いずれも珍しいもので、全種を自分の手で採るのが収集家の夢である。

中にオニホソコバネカミキリという大きくてみごとなネキ（ネキダリスの愛称）がいる。世界には北半球を中心に約50種のネキがいるが、私見によれば、世界一カッコいいネキだと思う。ネキダリス・ギガンテアという学名が付いていて、愛好家はギガンテアと呼んでいる。昔、桑の栽培が盛んだった頃、山間部の古桑が多い桑畑には割合普通に見られたが、養蚕業の衰退とともに桑畑も他の用途に転用されて、今や大珍品になってしまった。

もう40年以上も前の話になるが、群馬県片品村から日光へ抜ける道の周囲に広大な桑畑が広がっていて、ここにギガンテアが多産した。毎年、シーズンの7月中旬になると、ここにあった「みよし屋」という民宿に大勢のカミキリ屋が押しかけて、毎日ギガンテアを採集していた。

このカミキリ、大きなハチに似ているばかりでなく、捕らえると尻《しり》を曲げて刺すふりをするのである。そのことを知らない人はそれでびっくりして思わず手を離してしまい、逃げられてしまうことも多いのだ。

あるとき、初めて採りにきた初心者の採集者。先輩にさんざんその話を聞かされて、何があっても捕らえたギガンテアは放さないぞと意気込んで、桑畑に出陣したはいいのだが、しばらくすると手を腫《は》らして帰ってきた。聞けばギガンテアに刺されたとのこと。それは、本物のハチをつかんで放さなかったんだよ、と大笑いになった。

　トラカミキリの中にもハチに擬態するものは多く、オオトラカミキリという日本産では最も大きくて最も珍しい奴はオオスズメバチそっくりである。スズメバチが歩いていると思って足で踏んづけてよく見たら、オオトラだったといった逸話に事欠かない。

　もう30年以上も前の私が山梨大学に赴任した頃、虫を始めたばかりの山梨の友人たちと昇仙峡の奥へ虫採りに行ったことがあった。大きな貯木場があって、ヒメヒゲナガカミキリやヒゲナガゴマフカミキリなどがはい回っていて、ロクな虫がいないなあと思っていた矢先、先を歩いていた友人の一人が、「池田さん、大きなスズメバチがいるから注意してね」と言ったのだった。

「うん、わかった」と答えて何気なく見ると、そこにいたのは巨大なオオトラのメスだった。至福の瞬間だったね。悔しがる友人を尻目に、心の中に夢のような幸福感が広がっていた。

擬態の謎〔二〕

擬態と一口にいわれている現象にはさまざまなものがある。一般には隠蔽《いんぺい》色や警戒色を含めることが多いが、狭義にはモデル（毒があったり危険だったりする生物）に似た生物（ミミックと呼ぶ）がそのことによって利益を得ている現象を指す。

いずれにせよ、擬態というコトバには生存に有利なためとの機能主義のにおいが漂っている。だから生存に役に立たないものは擬態のように見えても擬態ではない。

たとえば、前に紹介したツマグロヒョウモン（チョウ）のメスは毒チョウ、カバマダラに擬態しているとされるが、今や大産地となった関東地方にはカバマダラは生息していないので、これは擬態とはいえないことになる。奄美大島以南のカバマダラの生息地でも、実際にはどれだけ機能しているか分からないので、人間が勝手に役に立っているはずだと思っているだけなのかもしれない。

隠蔽色として有名なコノハチョウ（翅の裏面が枯れ葉にそっくり）も通常は翅を開いて表面のハデな色彩を見せびらかすように止まり、枯れ葉に似た裏面の模様が役立っているようには思われない。

一方で、海底の砂地に生息するヒラメのように確かに隠蔽色が役に立っていると思われる場合もある。進化の主因を突然変異と自然選択で説明しようとする人たち（ネオダーウィニスト）によれば、たまたま突然変異でモデルに少しだけ似た個体はオリジナルな個体より生き残る確率が高く子孫をたくさん作るので、個体群中での比率が徐々に増大してくるはずで、このプロセスが何度も繰り返されて、ミミックはモデルにそっくりになったとされる。

まあ、そういうことも全くないわけではないだろうが、私見によれば、自然選択とは無関係に、形態や色彩が別の原因で変化したというのが本当のところではなかろうか。コノハチョウのように擬態に見えて、実は機能していない現象は自然選択では説明できない。機能しているように見える擬態も、よく考えるとホンマかいなと思うものも多い。

中米から南米にヘリコニウスという属の毒チョウがいる。この属に分類されるチョウは同じ場所に生息するとよく似た斑紋になることが知られている。斑紋のパターンは場所ごとに異なる。すなわち、Ａという場所にａ、ｂ、ｃという3種の毒チョウがいるとして、この3種の斑紋はよく似ている。Ｂという場所にも、ａ、ｂ、ｃが生息していて互いによく似ているが、Ａという場所の斑紋とは大いに異なっている。これをミューラー型擬態と呼ぶ。19世紀の後半にドイツの学者、Ｆ・ミューラーが提唱したのでそう呼ばれる。

これがなぜ擬態かというと、3種がそれぞれに異なる斑紋パターンを持つと、捕食者の鳥はすべての斑紋を覚えるのに手間がかかり、その間に犠牲になる毒チョウの数が増える。パターンがひとつしかなければ、鳥は一度で懲《こ》りて同じ斑紋パターンのチョウを攻撃しなくなるからだ。

昔、セーラー服はミューラー型擬態だという話をしたことがある。この斑紋パターンに手を出してはいけません。この話のキモは鳥もオジサンもバカだというところにある。しかし、オジサンは知らず、鳥はそんなにバカじゃないと思うけどね。

素数ゼミの謎

そろそろツクツクボウシの最盛期になった頃だと思う（この項を書いたのは、8月中旬なので、まだミンミンゼミとアブラゼミの天国だ）。ツクツクボウシの鳴き方は独特だが、よく聞いていると時々、ジー、ジーという雑音のような音が混ざることがある。

これは他のオスによる妨害音である。競争相手より大きな美しい声で鳴こうと努力するならばともかく、相手の妨害をすることにエネルギーを傾けるとは情けない。まあ人間にも同じような奴がいるけれどね。

セミは長い間地中にいて、地上に出てきて長くて1カ月弱で死んでしまうが、地中にいる時間も種によりさまざまなようで、ツクツクボウシは1〜2年とセミの中では最短なようで、ミンミンゼミ、クマゼミ、アブラゼミは2〜4年で、ニイニイゼミが一番長くて4〜5年と言われている。

昆虫の幼虫は総じて栄養状態が良ければ早く成虫になり、栄養状態が悪ければ成長に長い時間がかかる。幼虫期間が全く同じであると、たとえばすべての個体が親になるのに４年かかるとすると、去年出現したセミと今年出現したセミは遺伝子を交換することがないので、同じ場所に棲息《せいそく》していても遺伝的には四つの集団に分かれることになる。しかし日本のセミは個体ごとに少し幼虫期間がずれるので、厳密にいくつかの集団に分かれることはない。

北アメリカにいる素数（周期）ゼミ（13年ゼミと17年ゼミ）は同じ場所では13年あるいは17年に一度しか出現しない不思議なセミで、その間は全く発生しない。生まれ年が17年ゼミの発生年に当たる住民はその場所にいる限り、17歳、34歳、51歳、68歳、85歳、１０２歳と、多くとも生涯に６～７回の夏しかセミを見られない。しかし発生年に出てくるセミの数は膨大で、２０１３年にアメリカ東部で発生した17年ゼミの総数は70億匹に達したという。

同じ場所ではほとんどのセミは同じ日に発生し、その数はものすごく、１本の木に数万匹のセミが止まっているほどだ。鳴き声もすさまじく、住民の中には発生時期だけ他所《よそ》に避難する人もいる。

何で同時にたくさん出るかについての最も有力な仮説は満腹戦略である。捕食者の鳥は17年に一度の大発生を予測できないため、大量に発生しても捕食できる数は限られている。このセミは全く逃げないが、鳥はすぐ満腹になってしまい、食われなかった大量のセミは交尾をして卵を産んで死んでしまうというわけだ。

それではなぜ、16年や15年といった数ではなく、13と17という素数なのか。

これに対し、素数だと2種のセミが同時に発生するのが221年に一度のため、遺伝子が混ざらずに13年あるいは17年に一度の発生という習性を維持できるとする説や、簡単に交雑できる周期をもつ種では、遺伝子が混ざって中間的な周期をもつ個体が生じ、これらの個体は数が少ないため、捕食者に食われて絶滅したのではないかといった説が唱えられている。話は面白いけれど、本当かどうかは疑問である。

何度も言うように、生物の習性のすべてに進化論的な根拠があると思うのは、人間の偏見なのかもしれない。

セミの鳴き声の謎

日本の夏の風物詩のひとつはセミであろう。「閑《しずか》さや岩にしみ入る蟬《セミ》の声」との芭《ば》蕉《しょう》の句はあまりにも有名であり、かつて斎藤茂吉と小宮豊隆が、このセミの種類について論争したことでも、セミがいかに日本の文化に深く根付いているか分かるだろう。

芭蕉がこの句を詠《よ》んだのは山形の立石寺《りっしゃくじ》で１６８９年７月13日のことだ。茂吉は最初、このセミがアブラゼミであると強く主張したが、小宮はこの時期、立石寺ではアブラゼミはまだ鳴かないと主張して、このセミはニイニイゼミであろうと推定した。その後、茂吉も現地に赴いて、自説の誤りを認めたという。昔の文人はなんとも優雅だったのである。

確かに東京あたりでアブラゼミやミンミンゼミが大合唱しているのを聞けば、閑かにはほど遠いので、茂吉の説は納得しがたい。本当にセミはうるさいけれども不快というものでもない。日本人の多くは私と同じ感性であろう。

しかしセミに親しくない欧米人にとってセミは不快な虫のようで、北米で13年とか17年に一度大発生する素数ゼミにいたっては、発生時には別の場所に避難する人もいるという。ヨーロッパでも南部を除いて、大声で鳴くセミはいないらしく、イギリスからきた留学生などは、梢《こずえ》から聞こえる大音響の主が、小さな虫であることを知ってびっくりするくらいだ。

西日本で最もうるさいのはクマゼミである。昔、東京にはほとんどいなかったようだが、最近、竹芝（港区）あたりにはたくさん生息している。公園の植栽に使う樹木を移植したときに、根に幼虫が付いてきたのだろう。しばらくすると、東京でも普通のセミになるかもしれない。

アブラゼミ、ミンミンゼミ、クマゼミよりさらにうるさいのは実はヒグラシである。夕方、ヒグラシが遠くの方でカナカナカナと鳴くのは風情《ふぜい》があっていいものだが、ヒグラシが一番活発に鳴くのは明け方である。

午前の4時少し過ぎ、最初の1匹がカナカナカナとまず一声鳴く。するとこの声につられて、全山のヒグラシがいっせいに鳴き出すのだ。近くで聞くとカナカナカナではなく、キンキンキンキンと聞こえてうるさいことこのうえない。茨城県の取手市から高尾（東京都八王子市）に引っ越してきたときに、ヒグラシの大合唱に起こされてびっくりした覚えがある。取手にはヒグラシはいなかったのだ。

セミの分布には偏《かたよ》りがあるようで、たとえばヒグラシは東京の下町には全くいない。小さいとき足立区梅島に住んでいた私は、家の周辺でヒグラシを聞いたことがなかった。一番多かったのはアブラゼミ、次にニイニイゼミ、ツクツクボウシ、一番少なかったのはミンミンゼミである。

夏休みになると、竹の先に針金を輪にしてくくりつけ、クモの巣を見つけると何重にもかぶせて、クモの糸の粘着力でセミ採りをした。アブラゼミはいくら採っても自慢にはならず、ミンミンゼミをどれだけたくさん採れるかがガキどものステータスを決定した。

やがてツクツクボウシの数が増えてくると、夏休みは終盤である。宿題を気にしながらのセミ採りは今ひとつ楽しくなかったな。

一方が増えれば一方が減るセミの謎

東京で一番普通のセミはアブラゼミで、都心では次にミンミンゼミであろう。私が子供の頃、当時住んでいた足立区梅島では、夏になって最初に鳴くセミはニイニイゼミであった。

ニイニイゼミの幼虫は土壌の乾燥に弱く、都市部では一時激減したが、最近徐々に復活しているようだ。チーとジーを交互に混ぜながら鳴くが、鳴き声は余り大きくなく、遠くで聞くと耳鳴りのような気がしないでもない。中には耳鳴りがしているのに、ニイニイゼミが鳴いていると思っている人もいるようだ。

今、住んでいる高尾の近くの武蔵陵墓地には、私が学生の頃（45年も前の話だ）ハルゼミが棲息《せいそく》していたが、今もいるのだろうか。ハルゼミは松林に依存しているので、マツがなければいない。ゲーキョ、ゲーキョとけっこううるさく鳴くセミで、ゴールデンウィークの頃から出現するが、近年各地で減少している。松枯れによる松林の減少に加え、松枯れを防除すると称して、松林に農薬を空中散布するのが原因だと思う。ちなみに松枯れ対策として農薬を散布するのはデメリットばかりなので早急にやめるべきだろう。

文政7（1824）年に著された『武江産物志』には江戸のセミとして、ハルゼミ、アブラゼミ、ミンミンゼミ、ヒグラシ、ツクツクボウシ、ニイニイゼミ、クマゼミの7種が載っている。この中でハルゼミは高度経済成長期がそろそろ終わりにさしかかった1960年代の終わり頃を境に都区部から姿を消したと考えられている。

ハルゼミの次に東京都心から姿を消しそうなのはヒグラシである。私の子供の頃、足立区の自宅の周りにはヒグラシはいなかった。本郷の東大の周辺や御茶ノ水、あるいは上野公園あたりにはミンミンゼミとアブラゼミはやたらといたが、ヒグラシは聞いたことがない。現在でも確実に棲息しているのは皇居、明治神宮、目黒の自然教育園、新宿御苑《ぎょえん》などであろう。都市に残された数少ないまとまった林にだけ、ヒグラシが棲めることがわかる。

東京都に棲息しているセミで一番珍しいのはクマゼミであろう。私はクマゼミは最近、東京に侵入したものとばかり思っていたが、前記の書物を見ると、江戸時代から棲息していたことがわかる。しかし、近年増えていることは確かで、特に東京湾沿いの臨海部では、朝からうるさく鳴いている。温暖化の影響が言われているが、今よりもだいぶ寒かった1824年（太陽の黒点が少なくなって寒冷化したドールトン極小期の最後の頃に当たる）に記録されているところからすると、何か別の原因があるのだろう。

恐らく、公園の植栽に使う樹を移植する際に根に幼虫が付いてくるのではないか。京阪神ではクマゼミが減少傾向にあると言われており、鹿児島市では10年前あたりから激減しているという。温暖化とは無関係なのかもしれない。

クマゼミとアブラゼミ、ミンミンゼミは微妙な競争関係にあるようで、特にクマゼミとアブラゼミは一方が増えれば一方が減るという関係にあるようで、セミの世界も複雑なのだ。

セミの棲み分けの謎

日本ではセミは昼間行動するものと思っている人が大部分だろうが、熱帯のセミは夜、灯火に飛んでくる種も多い。２０１４年の３月下旬から約10日間、ボルネオのツルス・マディという山奥に虫採りに行った話を別項で書いたが（２１５ページ「蛾《ガ》や蟬はなぜ『飛んで火に入る夏の虫』なのか」）、夜間採集で灯火に一番たくさん来るのは、もちろん蛾類だが、次は何とセミなのだ。今回の夜間採集だけでも10種類以上のセミが飛来した。

ツルス・マディで一番大きなセミはテイオウゼミ。これは世界で一番大きなセミでもある。クマゼミの仲間も何種類かいる。グリーンのセミもいて、現地の人はこのセミが一番美味だという。熱帯ではセミは上等な食材なのだ。ハノイやビエンチャンのマーケットではポリ袋に入れて生きたセミを売っている。

日本ではセミを食べる習慣はあまりないようだが（かつて、沖縄ではセミを焼いて食べていた人もいたようだ）、昆虫料理研究家の内山昭一さんによれば、セミはとても美味で、日本で一番美味《うま》いセミはアブラゼミだそうだ。成虫は揚げたてが香ばしく、サクサクしていてエビに似た食感がするとのことだ。クマゼミは外皮が硬いので、高温でしっかり揚げるのがコツらしい。

アブラゼミは世界的に見るととても珍しいセミで、翅《はね》が不透明なセミは世界を探してもめったにいない。ボルネオで見たセミもすべて翅が透明だった。アブラゼミとクマゼミとミンミンゼミは競争しているらしいと前項で書いたが、アブラゼミとクマゼミは好みの樹が決まっているとの説もあり、個体数は生えている樹の種類の違いによって増減するのかもしれない。

一般的な傾向としては、近年、本州ではクマゼミが増え、アブラゼミが減少するのが普通だが、山口大学のキャンパスのように、クマゼミが存在せず、アブラゼミしか生息しない場所もあるという。

クマゼミとミンミンゼミが同所的に生息している場所では、クマゼミがまず出現し、その後でミンミンゼミが発生するようだ。同時に発生する場所では微妙な棲《す》み分けをしており、たとえば三浦半島の城ヶ島では、平坦地《へいたんち》にはクマゼミが、傾斜地にはミンミンゼミが多い。クマゼミもミンミンゼミも午前中にはよく鳴くが、同所的に生息している場所では、午前中にクマゼミが、午後にミンミンゼミが鳴くようだ。ここにアブラゼミが混じると、アブラゼミはクマゼミやミンミンゼミを避けて、午後に鳴くことが多いとのことだ。セミの世界もなかなか大変なのだ。

山梨にはミカドミンミンといって背面がすべてグリーンになったミンミンゼミが多く、極めて美しい。しかし、標本にしてしばらくすると、色が抜けてしまう。昔、山梨大学に勤めていた頃に採集したミカドミンミンの標本は、今は見る影もなくなってしまった。

ミンミンゼミには方言があって、場所によって少しずつ鳴き方が違う。調べようと思ったことがあって、日本各地に行って鳴き声を録音してくればいいだけだから簡単だな、と思っていたのだが、鳴き方は場所のみならず、気温や湿度によっても違うらしいことがわかり、調べる根性をなくしてしまった。

ホタルの発光パターンの謎

２０１４年7月19日付、朝日新聞のｂｅランキングは「あなたの好きな昆虫」で、朝日新聞デジタルのウェブサイトのアンケートの結果が出ていた。それによると1位はホタル、2位は微差でカブトムシ、以下、クワガタ、アキアカネ、アゲハチョウ、スズムシ、オニヤンマ、テントウムシ、モンシロチョウ、ヒグラシと続き、12位に「昆虫は嫌い」というのがあって笑える。これはカテゴリーが違うなあ。でも、支持する政党というアンケートで一番多いのは「支持政党なし」だから、まあそういうのもありか。

このアンケートに答えた人はウェブサイトを利用できるある程度以上の年齢の人だから、小学生に聞いたら、圧倒的に1位はカブト、2位にクワガタであろう。ホタルを愛《め》でるのはいかにも大人の感性である。子供たちはいじって遊べるものでないと興味を示さない。カブトもクワガタも手に取って遊ぶのにちょうど手頃な大きさで、簡単に潰《つぶ》れたりしない。

ホタルは採るのは楽しくても、手でいじくり回すとすぐ死んでしまうので玩具《おもちゃ》としては面白くないのだ。光の線を引きながら飛んでいるホタルはまことに優雅だが、子供たちには単純すぎるのだろう。

ホタルを庭園に放して、お客さんを呼ぼうという料亭や旅館が流行《はや》っているが、放されているホタルはゲンジボタルである。ホタルと言えばゲンジボタルしか思い浮かばない人も多いが、日本には約50種のホタルが棲息《せいそく》し、発光しない種も多い。昔は水田に、ヘイケボタルがたくさんいたが、農薬散布のせいか最近はめっきり減った。ヘイケは止水を好み、流水には棲《す》まないので、小川や渓流で発生するホタルは、ゲンジであり、人々が熱心に保護したり、放したりしているのもゲンジである。

自然の中で発生しているホタルを観賞したり、多少採って自宅に持ち帰ったりするのはあまり問題はないが、子孫を残すことができない庭園などに大量のホタルを放すのは感心しない。特に野外の棲息地から大量に採集して都会の庭園に放すのはやめるべきだろう。どうしても放したいのであれば、養殖したものにしてほしい。

ホタルの光は交尾のための信号であり、オスは飛びながら光るが、メスは草などに止まって光る。発光のパターンは西日本と東日本では異なり、他所からホタルを移入すると、在来のものとうまくコミュニケーションができないことがあると言われている。ホタルが棲息できるためには、幼虫のエサとなるカワニナが棲息できることと、蛹《さなぎ》になる土の岸の存在が必要である。コンクリートで護岸工事をするとホタルはいなくなってしまう。

熱帯にもホタルはたくさんいて、中には1本の木に多数のホタルが止まって、クリスマスツリーのように同期して光る種もいる。20年近く前にベトナムのクックフォン国立公園に調査に行ったとき、1本の大きな木に多数のホタルが蝟集《いしゅう》して、最初バラバラに光っていたのが、徐々に同期して、ついには見事な光のスペクタクルになって感動した覚えがある。残念ながら日本にはこの種はいない。

多くの虫が単食性・狭食性なのはなぜか

アゲハの幼虫はミカンの葉を食べて、キャベツの葉は食べない。モンシロチョウは反対にキャベツは食べてもミカンは食べない。多くの昆虫は自分たちが食べる餌《えさ》の種類を限定している。

1種類の餌しか食べないものは単食性、少数の種類しか食べないものは狭食性という。一方、あまり餌の種類を選ばないものは広食性と呼ばれる。

マイマイガというドクガの一種がいるが、これは多くの樹種の葉を食べる害虫で時に大発生する。しかし、通常はそれほどたくさんいるわけではない。マイマイガのような広食性の昆虫が優勢になって、樹木の葉を食べ尽くしていくと他の昆虫が生活する余地がなくなってしまう。単食性または狭食性の種であれば、大発生しても、他の植物を食べる種類には影響を与えない。そう考えると、結果的に昆虫たちは互いに共存共栄するために、自分たちが食べる植物を限定しているといえそうだ。

よく知られるように、カイコの幼虫はクワの葉しか食べない。クワの葉以外の食物を食べると死んでしまうのだろうか。どうもそんなことはなさそうだ。カイコの人工飼料が開発されているが、その主成分は、炭水化物、タンパク質、脂質、無機塩分、ビタミンなどで、ヒトとさして変わらない。

カイコがクワの葉を食べるのは葉に含まれる微量の摂食刺激物質のせいで、この物質を加えてやればクワの葉でなくとも人工飼料も食べ、よく育つ。カイコは頭部にこの刺激物質を感じるセンサーを持っていて、このセンサーが摂食行動をコントロールしているのだ。物理的にこのセンサーを破壊すると、カイコはサクラの葉でも食べるようになる。近年はクワ以外の植物の葉を食べるカイコも開発されているようだ。

アゲハの人工飼育も基本的にはカイコのものと変わらない。異なるのは摂食刺激物質の種類だけである。アゲハの幼虫はキャベツの葉を与えても、かたくなに食べることを拒否して餓死してしまう。無理に食べれば生き残れるのに絶対に食べないのだ。

最近、人類の未来食としてＦＡＯ（国際連合食糧農業機関）が昆虫食を推進しようと呼びかけて、昆虫食愛好家の間では結構話題になっている。私の周囲にはたとえ餓死してもムシなどは絶対に食べないと豪語している女性がいるが、その感性は彼女が嫌いな昆虫と同じである。食物と認めないものは、たとえ餓死しても食べない。アゲハやカイコと同じ心意気である。でも人間は昆虫ほど根性があるとはとても思えないので、腹が減ればムシでもなんでも食べると思うけどね。

人間より根性があるのはネコである。解剖学者の養老孟司先生に聞いたところでは、養老さんの家でネコの餌がなくなって、冷蔵庫にキュウリしか残っていなかったことがあるという。

腹ペコのネコを前にして、キュウリにだって生きるための栄養素は十分入っているのだから、とりあえずキュウリを食って飢えをしのげと養老さんはネコに説教をしたという。しかし、ネコは頑として食わなかったらしい。昆虫もネコも餌の種類を限定することによって他種との共存を図っているのだ。一番エコじゃないのはやっぱり人間だね。

外来生物は悪者なのか

外国から入ってきた生物を外来生物と称して、排斥しようとする人々がいる。ブラックバスやブルーギルが在来種を脅《おびや》かすとしてやり玉に上がっているのは周知のことであろう。

確かに外来種が病原菌をまきちらしたり、産業に甚大《じんだい》な影響を与えたりすれば、駆除せざるを得ない。だが、さしたる影響を及ぼさない場合や、駆除費用がかかりすぎて、費用対効果がマイナスの場合は、何もしない方が賢いのだ。

外来種排斥原理主義者たちは何であれ外来種が存在することが許せないようであるが、外来種を全部排除すると、われわれの生活は成り立たない。レタスもキャベツもイチョウもウメも外来種だ。たかだか2500年前に日本列島に入ってきたイネは、日本の低地の自然生態系を完膚なきまでに破壊した、史上最悪の侵略的外来種である。

そうかといって、イネを排除しようとする人は私の知る限りいない。外来種の排斥よりもわれわれの生活の方が大事だからだ。

入ってきた当時は、日本の自然にそぐわないとして嫌われる外来種も、侵入して長い年月がたてばわれわれの生活になじんできて、違和感がなくなってくる。

アメリカザリガニは侵入してきてまだ90年弱しかたっていないが、子どもの頃ザリガニ捕りをした人たちにとっては、なつかしい日本の風物詩であろう。コスモスも明治時代に導入された比較的新しい外来種だが、秋の田園を彩《いろど》る花として多くの人に親しまれている。外来種だと思っていない人もいるに違いない。

オーストラリアのタスマニア島はマス釣りのメッカとして世界中のアングラーの垂《すい》涎《ぜん》の地だが、ここに生息するマス類はすべて外来種である。ブラックバスもあと10年もすれば日本の自然になじんで排斥を叫ぶ人はいなくなるだろう。何と言っても現存する外来生物排斥原理主義者たちはすべていなくなっているわけだから（もちろん、私も鬼籍に入っているけどね）。

外来生物は在来生物を脅かすとばかり思っている人がいるかもしれないが、必ずしもそうではない。

しばらく共存して暮らすうちに、外来生物に依存してくる在来生物も現れる。クロサワヘリグロハナカミキリという、かつては超珍品のカミキリムシがいた。山梨大学に赴任したばかりの1980年代の初めに、大菩薩峠《だいぼさつとうげ》の東の小金沢林道で1日に3匹採集して狂喜したことがあった。それが今では1日に20匹も30匹も採れる場所がある。

このカミキリムシの元来の食樹（幼虫が食べる樹《き》）はキハダだった。キハダは日本で一番美しい蝶《チョウ》の一つであるミヤマカラスアゲハの食樹で、どこにでもあるという樹ではない。ところが、ここ20年くらいの間に、このカミキリはハリエンジュをも食べるように進化したのだ。ハリエンジュはニセアカシアとも呼ばれ、河原などにはびこる外来生物で、環境省により要注意外来生物に指定されている。

在来生物のクロサワヘリグロハナカミキリは外来生物ハリエンジュのおかげで繁栄しているのだ。こうなると、単純に、外来生物イコール悪者とはいえないではないか。

ガウゼの法則

生態学の教科書には必ず載っている「ガウゼの法則」というのがある。水槽の中にゾウリムシとヒメゾウリムシという2種類のゾウリムシを入れておくと、餌を十分に与えているにもかかわらず、しばらくたつとヒメゾウリムシがゾウリムシを駆逐して1種だけになってしまう。この実験を行った旧ソ連の生態学者ゲオルギー・ガウゼが、同じ生態的地位をもつ2種以上の種は共存できないと主張したことにちなんで、この原則を「ガウゼの法則」と呼ぶ。

この法則は一般の人にも分かりやすく、たとえば同じ品ぞろえの二つの店が並んでいたとしてサービスが同じで価格に差があれば、片方の店はいずれつぶれるだろう、というアナロジーで理解できる。だから、同じような店があって共存しているのは、微妙に差異化を図っているからだろうと類推できる。

生物と店が少し違うのは、店は状況を判断しながら臨機応変に対処することが可能だが、生物の形態や行動はかなりの部分遺伝的に拘束されていることだ。似たような種が共存しているのは、環境が一定不変ではなく、時間的、空間的に微妙に変動して、その時々で最適な種が変化しているからだ。

水しか入っていない水槽の環境は一定なので、繁殖力が強いヒメゾウリムシがゾウリムシを駆逐してしまうが、水槽の中に捕食者であるメダカを何匹か入れてやると両種は共存するようになるという。メダカは個体数の多い方のゾウリムシを優先的に食べるようで、結果的に個体数が少ない方も絶滅しないのだ。

また別の例ではヒラタコクヌストモドキとコクヌストモドキは環境が一定の所では、ガウゼの法則にしたがって、どちらかが滅んでしまうが、四季がある所では共存するという。コクヌストモドキは高温多湿を好み、ヒラタコクヌストモドキは冷涼乾燥を好むので、高温多湿の夏と冷涼乾燥な冬が交互にやってくる日本のような場所では、この2種類の穀物害虫は共存が可能なのである。

環境が変動すると優占種が変わることに関連して、信州大学の花里孝幸《はなざとたかゆき》教授が面白い現象を報告している（『自然はそんなにヤワじゃない』新潮選書）。霞《かすみ》ヶ浦《うら》の湖底の泥を採取して大きな水槽の中に入れると、さまざまなプランクトンが現れてくる。泥の中にはプランクトンの休眠胞子や休眠卵がたくさん入っているからだ。

まず植物プランクトンが現れ、次にワムシ、次いでワムシが減って小型ミジンコが増え、次にはこれも減って中型ミジンコ、最後は大型のカブトミジンコが現れ、水槽の中はカブトミジンコと植物プランクトンばかりになるという。動物プランクトンの中ではカブトミジンコが最強なのだ。

さて、この水槽に低濃度の殺虫剤を入れたところ、カブトミジンコはいなくなり、中型ミジンコが増えてきた。中濃度の殺虫剤を入れると小型ミジンコが増え、高濃度の殺虫剤を投与するとワムシばかりになったという。一番競争に強い種が一番農薬に弱く、一番競争に弱い種が一番農薬に強いのだ。農薬は一種のストレスであるので「競争に強い奴《やつ》はストレスに弱い」と花里教授は述べている。人間にも当てはまりそうだね。

ダイオウグソクムシが食べなくても生きていけるのはなぜか

三重県の鳥羽《とば》水族館で5年1カ月にわたって絶食を続けていたダイオウグソクムシがついに死んだという。餌をあげているのに食べないで餓死するとは何というおかしな奴と思ったが、どうやら真相はもう少し複雑なようだ。

2014年3月13日付の産経新聞によると、6年5カ月前に水族館に来た時の体重は1040グラム、死んだ時の体重は1060グラムと大差はなく、体長は共に29センチと変わらなかったという。

普通は絶食を続ければ、たとえ生き続けられたとしても体重は減少するのが当たり前だ。我が身のことを考えれば分かるように、人間なら1週間も絶食すれば体重は大きく減少するだろう。5年も絶食して生きている人はいない。エネルギーをほとんど使わずに休眠状態で過ごしていたというのなら分からないでもないが、その間、結構動いていたとのことなので、このエネルギーをどこから調達していたのだろうか。

死んだ個体は、消化器全体に炎症や変色はなく、甲羅の裏側などの肉もやせているようには見えなかったらしい。摂食以外の何か特殊な方法でエネルギーを取り入れていたとしか考えられない。死んだ個体の胃の中は130ccほどの淡褐色の液体で満たされており、この液体からは酵母様真菌と呼ばれる菌類が検出されたという。

この真菌の役割はまだ分からないが、もしかしたら、栄養物を合成してダイオウグソクムシに供給していた可能性もある。通常は、死んだダイオウグソクムシからは検出されないそうだから、これは一種の感染症で、それが原因で死んだ可能性も捨て切れないが、そうなると、他にエネルギー源を探す必要がある。

多細胞生物と細菌の共生は様々なタイプがあり、前に書いた牛の胃の中に棲む細菌は、ウシの食べたワラからタンパク質を合成する役割をもっており、それゆえ、牛はタンパク質を食べなくても生きていけるのである。深海の熱水噴出孔の周辺にはチューブワームという特殊な動物が生息している。この動物は口、消化管、肛門《こうもん》などを持たず、自分では食物を全く摂取しないのである。どこからエネルギーを得ているかというと、共生している細菌からだと考えられている。

熱水噴出孔は海底火山の活動の結果、海底の下で熱せられた水が噴出する割れ目である。この周辺にはたくさんの生物が生息している。地上や海面近くでは光合成を行う植物や藻類やバクテリアがエネルギーの生産者である。これらの生物は水とCO_2を原料として光エネルギーを使って有機物を合成している。ところが、熱水噴出孔がある深海底には光は届かず、化学合成細菌が硫化水素などからエネルギーを取り出して、水とCO_2から有機物を合成している。

チューブワームは体内に化学合成細菌を飼っていて、この細菌が有機物を合成してチューブワームに供給している。これと同じようにダイオウグソクムシも酵母様真菌が合成した有機物を分けてもらって生きているのかもしれない。人間もそんな便利な菌と共生すれば、食物がなくても生きていけるのにね。

蛾や蟬はなぜ「飛んで火に入る夏の虫」なのか

２０１４年の３月の下旬から４月の上旬にかけてボルネオに行ってきた。マレーシア・サバ州のツルス・マディという山の周辺で虫を採っていたのだ。旧知の沢井稔《さわいみのる》君が、昆虫採集のためのキャンプ場を持っていて、ここに10日ばかり寝泊まりして周辺の虫を採集、観察したのである。

チョウやカミキリムシの出現最盛期と微妙に季節がずれたためか、昼間は拍子抜けするくらいに虫が少なかったが、夜間採集には、それを補って余りあるほどの虫がやってきた。見晴らしの良い場所に白布を張って水銀灯を点《とも》し昆虫を集めるのだ。ちょうど新月前後と月齢が良かったせいで、おびただしい数の大小様々な蛾や蟬、コガネ、カミキリ、ゾウムシ、カメムシ、バッタなどが集まってきた。

「飛んで火に入る夏の虫」という諺《ことわざ》があるが、何ゆえに虫は灯りに向かって飛んでくるのだろう。どうもよく分からない。

満月の夜は灯りに虫が余りやってこない。昼間ももちろん虫は灯りに飛んでこない。周囲が暗いと灯りを目ざして遠くからでも飛んでくるようだ。

今回の夜間採集では大型のスズメガや蟬がたくさん飛来した。2メートル四方の白布の上にスズメガが50~100匹、蟬も同じく50~100匹も止まっている光景は壮観というよりないが、蛾や蟬が嫌いな人は卒倒するかもしれない。

楽しかったのは、スズメガではメンガタスズメがたくさん来たことと、テイオウゼミが全部で10匹程度飛んできたことだ。メンガタスズメは背面の紋様が人の顔（面型）に似ているのでそう呼ばれる開翅《かいし》長10センチを超える大型の蛾だが、人というより猿の顔に似ている。捕えるとキーキーと鳴くのは蛾では珍らしい。テイオウゼミは世界最大の蟬で体長が10センチを超える。

こういった大型の昆虫は飛翔《ひしょう》力が強く、たとえば大型のスズメガは数キロメートル遠方からでも飛んでくると言われている。周囲が真っ暗であれば、数キロメートル四方のスズメガや蟬が一つの灯りに集まるわけだから、数が膨大になるのもうなずける。

方向性のある灯りを目がけて昆虫が飛んで来る理由ははっきりとは分からないが、一説には土の中や木の中といった暗い所で蛹《さなぎ》になった昆虫は、成虫になった時に明るい方向に移動しないと外に出られないからだと言われている。昔は電灯などというものは存在しなかったので、こういった性質が成虫になって外界に飛び出してから残っていても、不利にならなかったのであろう。

しかし、人間が灯りを発明したために、この性質は趨光性《すうこう》の昆虫にとって極めて不利なものとなった。灯りに飛んできた昆虫の多くは、力尽きてその場で死んだり、鳥に食われたりする。わざわざ死にに来るようなものだ。もっとも、かく言う私自身が灯りに集まる昆虫を採集して殺しているのだから、何をか言わんやだけれどね。

ところで、蛾はともかく、蟬が灯りに来るのは日本では余り見られない現象だが、熱帯では蟬は大量に灯りに飛んでくる。今回も10種以上の蟬を採った。熱帯で最も効率の良い蟬取り法は夜間採集なのだ。

一番エコロジカルな食べ物は何か

本項ではどんな食べ物がエコロジカルかという話をしよう。うまい肉料理を食べた人がいたとして、牛肉、豚肉、鶏肉のうちどれが一番エコだろう。

答えは鶏肉。穀物で育てられた家畜が、穀物を肉（タンパク質）に変換する割合を調べた研究がある。鶏では1キロの肉を作るのに約2キロの穀物を必要とするが、豚ではこれが4キロになり、牛では7キロになるという。高級な牛肉ではこの割合はもっと増え、穀物30キロを与えて、やっと1キロの肉になることもあるようだ。

栄養のバランスとかを考えなければ、鶏肉の代わりに穀物を食べれば、2倍の人口を養え、豚肉では4倍、牛肉では何と7倍から30倍の人口を養えることになる。世界人口はそろそろ75億人に達する勢いである。先進国の人々が、穀物よりも牛肉を好んで食べると、食物不足から飢えに直面する人々も現れてくる道理である。肉を食うならば、牛肉より豚肉、豚肉より鶏肉がエコというわけだ。

養殖している魚もほぼ鶏肉と同じくらいで、養殖のコイやナマズを食うのは結構エコかもしれない。個人的に一番エコだと思うのは、日本ではブラックバスを食べることだろうね。なかなかうまいのに、外来種という理由だけでエネルギーと税金を使ってただ捕獲して撲殺しているのは非エコの極みである。そのうち天罰が下ると思う。食べれば一石二鳥なのに。

私が養殖動物として鶏や魚よりもエコで有望だと思うのは食用コオロギである。タイ、カンボジア、ベトナムなどではタイワンオオコオロギを食用としている地域も多く、養殖で生計を立てている人もいる。餌は野菜クズなどで十分だし、何よりも成長が速く、魚の養殖よりも効率がいいようだ。タイの北部では、魚の養殖業からコオロギの養殖業に転向して成功している人もいるという。

タイワンオオコオロギは体長が5センチとコオロギ中最大で、3匹も食べれば1日のタンパク質摂取量はまかなえるだろう。そのうち食糧難になれば、日本でもコオロギがスーパーの店頭に並ぶようになるだろう。

コオロギに限らず、昆虫は栄養価も高く、水分を除いたタンパク質の含有量は60〜

70％もあり、肉（約40％）や卵（約50％）よりはるかに高い。肉や魚に頼っていたタンパク源を昆虫に頼らなければならない時代が来るに違いない。

私の大学時代の恩師である三島次郎先生は『トマトはなぜ赤い』（東洋館出版社）の中で、陸上植物が光合成で作り出す純生産量（植物の総生産量のうち、動物が使うことができる有機物の総量）の10分の1を人類が使えるとして、陸上生態系が養える人口数は149億人と推定している。砂漠や森林などを区別した別の計算では57億人という数になるという。75億人の人口がとりあえず生きているのは、海洋資源をかなり利用しているからに違いない。

しかし、それをめいっぱい利用しても200億〜300億人が限度だとのことだ。この地球上に大型動物は人間しかいない未来がやってくるのかしら。

美味な虫は何か

昆虫料理研究家の内山昭一さんから、ご本人が監修された『食べられる虫ハンドブック』（自由国民社）をいただいた。以前いただいた『楽しい昆虫料理』（ビジネス社）には、できあがった昆虫料理の写真だけでなく、レシピも詳しく書かれていて、実際にどうやって料理するのかがよく分かったが、今回の本は料理本ではなく、食べられる虫の図説である。

それだけに掲載されている昆虫（クモなども含む）の種類は圧倒的に増えた。『楽しい昆虫料理』には34種の料理が解説されていて、中には「ジョロウグモと卵のファルシー」とか、「マダガスカルゴキブリと赤かぶのなます」とかいったびっくりする料理もあったが、「トノサマバッタの天ぷら」とか「オオスズメバチ前蛹《ぜんよう》の湯通し」とか結構美味《おい》しそうな料理も入っていた。

今回の本は食材のリストの図説なので、普通の人は、昆虫の写真と実際の料理を結ぶイメージが湧《わ》かず、エッ、こんな昆虫が食べられるのか、とびっくりすると思う。『ハンドブック』によれば、食べられる虫ベスト10は、①カミキリムシ（幼虫）、②オオスズメバチ（前蛹）、③クロスズメバチ（幼虫、蛹）、④セミ（幼虫）、⑤モンクロシャチホコ（幼虫）、⑥タイワンタガメ（成虫）、⑦トノサマバッタ（成虫）、⑧カイコ（卵）、⑨クリシギゾウムシ（幼虫）、⑩ヤママユ（蛹）である。

『楽しい昆虫料理』では、①セミ、②カミキリムシ、③スズメバチ、④タイワンタガメ、⑤バッタ、⑥クリシギゾウムシ、⑦ジョロウグモ、⑧トビズムカデ、⑨ジャイアントミールワーム、⑩マダガスカルゴキブリ、となっていた。

カミキリムシ、スズメバチ、セミ、タイワンタガメ、バッタ、クリシギゾウムシはどちらの本でもベスト10入りしているので、折り紙付きの美味しい虫なのであろう。『楽しい昆虫料理』には載っていなくて、今回の本に出てくる虫で興味深いのは、アゲハやキアゲハ、モンシロチョウといったチョウの幼虫と、オニヤンマ、ギンヤンマ、シオカラトンボなどのトンボ類の成虫と幼虫であろう。チョウの幼虫はゆでて食べるらしいが、かみしめると昆虫共通のほのかな甘みがして、後から幼虫が食べている植物の味がするという。

たとえば、アゲハはみかんの味がして、モンシロチョウはキャベツの青汁の味がするという。トンボの成虫は胸の筋肉が美味しいといい、これはカブトムシやクワガタムシの成虫でも同じらしい。ただし、カブトムシの幼虫や蛹はまずい昆虫の筆頭なので食べてはいけないようだ。

一番美味なのはシロスジカミキリの幼虫のようで、冬場の幼虫には脂肪分がたっぷり含まれ、マグロのトロに匹敵するうまさだと絶賛されている。カミキリムシやスズメバチの幼虫は昔から食べられていた伝統食で、この記述にウソはないと思う。

ＦＡＯ（国際連合食糧農業機関）によれば、現在世界で食べられている昆虫は約１９００種。未来の人類の食糧として大いに有望であると、昆虫食を推奨している。栄養価は肉や魚を上回るといわれているので、将来の食糧難に備え、今から虫を食べる訓練をしておいたらどうですか。

街路樹の実は食べられるか

２０１４年５月22日と23日に母校の東京都足立区立梅島第一小学校でＮＨＫＥテレの「課外授業　ようこそ先輩」と題する放送の収録があり、朝早くから出かけて行った。テーマは「都市における生物と人間の共生」である。分かりやすく言えば、都会にもたくさんの生物が棲《す》んでいるわけで、人間もそこそこ快適な生活をしつつ、生物多様性を守るにはどうしたらよいかという話である。

最初の日は子供たち（小学６年生）にテーマについて簡単な話をして、早速、学校の外に出て生物の観察をする。スズメやカラス、ムクドリ、ツバメなどの野鳥を観察させて、その生態や個体数について考えてもらおうというのが、ＮＨＫのいかにもＮＨＫ的な意図のようだった。子供たちは観察などよりも採集の方が面白いに決まっており、虫を採《と》ったりサクランボをつまんだりするのに夢中で、本当は鳥などはどうでもよいみたいだった。

小学校の校庭や近くの公園には桜の木があって、小さなサクランボがたくさん生《な》っている。恐らくソメイヨシノだが、通常ソメイヨシノに実はつかない。この桜はオオシマザクラとエドヒガンの交配種で、通常、実をつけず有性生殖をしないため、もっぱら栄養生殖で繁殖する。いわばクローンである。

ところが、不思議なことに、この小学校の周囲のソメイヨシノにはサクランボが生っている。ソメイヨシノも全く実をつけないわけではなく、近くにエドヒガンなどの樹があると受粉して実が生ることがあるようなので、そういう理由なのかもしれない。

黒く熟した実はちょっとすっぱいがまあ食べられるので、採って食べていると、それを見た小学生が食べたいとせがむ。背が低くてなかなか実まで手が届かないのだ。

街路樹の実など採って食べたことがないのだろう。そもそも、外で生っているどの実が食べられて、どれがおいしいかなどの知識がないに違いない。中に背の高い女の子がいて、いかにもおいしそうなピンクのサクランボを採って、口に入れた途端に吐き出している。ピンクの奴はまだ苦くてまずいよと言う間もなかった。

昔は桑の実をよく食べたとか、野生のキイチゴはおいしいよとかの話を興味深そうに聞いている。ヘビイチゴは毒があるっていう話があるけれど、本当は食べられるんだよなんて話をしたけれど、野生の植物の実を何でもむやみに食べて腹でもこわして親に訴えられるとやっかいなので、毒の実もあるという話もする。

でも、たいがいの実は食べられるという話は本当で、多くの植物は実を鳥に食べてもらって、鳥の糞《ふん》と一緒に種を出してもらうことで繁殖しているので、毒のある実は少ない。

ヒレンジャクという鳥は時々、群れでピラカンサスの実を食べて大量死することが知られているが、ピラカンサスに毒はない。原因は謎《なぞ》とされているが、一説には発酵した実を食べた急性アルコール中毒とも言われている。

正真正銘の毒の実はドクウツギで、これは食べると死ぬことがある。実は甘いので終戦直後の食糧難の頃、腹をすかした子供が食べて死んだ例がある。今はあり得ない話だなあ。

なぜスズメが減少しているのか

ＮＨＫＥテレの「ようこそ先輩」というテレビ番組の収録に母校の梅島第一小学校に行った話は前項でした。ＮＨＫの狙《ねら》いは都市でスズメが以前より減ったのはなぜかを、子供たちに自主的に考えてもらおうということらしかったが、そんな誘導にうかうかと乗らない子供の方が将来大成すると思っている私は、ちょっと複雑な心境であった。

近年スズメが減ったというのは本当のようで、２０１０年の立教大学理学部の調査では20年前に比べて最大で80％、少なく見積もっても半減しているという。スズメの減少は世界的な傾向らしく、イギリスでもスズメが激減しているとのことだ。理由はいろいろ言われているようだが、単純に考えれば出生率が減り、死亡率が増加したということだ。そうなると個体数は徐々に減る。

日本はまさにそうだ。世界的に見れば、人口は増加し続けているので、世界全体では出生率が死亡率を上回っているのだろう。

出生率の減少は、巣作りの場所とエサの減少が原因であることは素人《しろうと》でも分かる。スズメは長い間、人類と共存してきた。人類に依存して生きてきたと言ってもよい。巣は多くは家屋の屋根のすきまに作った。瓦《かわら》屋根の家でスズメの巣のない家はむしろ稀《まれ》なくらいだった。

都市部では近年、瓦屋根の家は少なくなり、コンクリートのアパートやマンションに取って代わられた。都市部からスズメが減った大きな原因の一つだろう。エサとなる昆虫や草の種《タネ》が減ったのも大きい。林や草地がなくなればエサは当然減る。

しかし、北海道の農村部でもスズメは減少しているとのことだから、農薬により昆虫が殺されてエサが減ったのも原因の一つかもしれない。一昔前までは群れをなしていたイナゴやアカトンボが近年著しく減っていることからも、農薬の影響は大きいはずだ。イネの収穫にコンバインを使うのが普通になり、落ち穂が少なくなったのを原因に挙げる人もいる。

死亡率に関してはどうだろう。繁殖期の直後はそれ以前に比べ、スズメの個体数は

2〜3倍になると言われている。ヒナの多くは年を越せず、野生のスズメの寿命は1年から数年。生物学的な寿命は約10年なので、大半は天寿を全うせずに死んでしまうのだ。死因はカラスやネコによる捕食、エサ不足による餓死などであろう。

梅島第一小学校の1日目の授業の最後に、明朝早起きできる人は、家の周囲の野鳥を観察しよう、との宿題を出した。次の日、スズメがカラスに食われているのを見た、という児童がいた。まあ、ちょっとショックだったみたいだが、自分もウシやブタやニワトリを食べているんだから仕方ないよね、と言っておいた。

スズメと反対に増加している野鳥もいる。小学校の周辺で一番多かったのはムクドリである。ムクドリは校庭に降りてきては、草の間をツンツン突いて何か食べている。エサはスズメと同じようなものなのだろうが、なぜ片方は減少し、片方は増加しているのかよくわからない。スズメに特異的な病気でも流行しているのだろうか。

なぜツバメが減少しているのか

都市に棲《す》む鳥の話の続きをしよう。スズメに次いで減少した野鳥はツバメであろう。自宅のある東京都八王子市高尾には、数年前までツバメがたくさん来ていたが、今年はめっきり少なくなった。近所の家の軒には毎年ツバメがやってきて巣を作っている場所が何カ所もあったのだが、今年は全く見ない。

都市でツバメが減ったのは、都会の人がツバメの巣から降ってくる糞《ふん》を嫌って巣を取ってしまうのが原因だろうと何となく思っていたが、自宅の近所に関する限り、どうもそうではないようだ。やはりエサの昆虫が減ったのが大きいのかもしれない。

ラオスでは山の斜面にトラップをかけてツバメを捕らえ食用にしているが、日本に渡ってくる前に、みんな人間に食べられてしまうわけでもあるまい。ここ何度か話題にしている足立区の梅島第一小学校の周辺にはツバメは結構いた。校庭の水たまりにやってきて、水を飲む姿を何回も見た。自宅の周辺より多いなと思ったものだ。

一説によると、ツバメの減少はカラスに食われるためだという。カラスは確かに自宅の周辺にもたくさんいる。私は自宅の樹の上のヒヨドリの巣から、ヒナが巣立った途端にカラスに襲われて食われたのを見たことがあるので、カラスの捕食が小鳥たちの個体数を抑えているのだろうと実感できる。

東京はカラスの多い都市である。ニューヨークや上海《シャンハイ》ではカラスはほとんど見ないようだ。ゴミの出し方が違うのか、それとも何か他に原因があるのだろうか。ロンドンではカラスは珍しい鳥のようで、ロンドン塔では、カラスをわざわざ飼っている。大カラスがロンドン塔を去ると王室が崩壊するという伝説を忠実に守っているからだとのこと。

東京都は少し前に、カラスがあまりにも多いということで、捕獲して駆除していたが、生物は好適な環境がある限り、駆除してもその効果は一時的で、すぐに元に戻る。捕れば減るというのはトーシローの考えなのだ。最近、珍しい昆虫を絶滅危惧《きぐ》種に指定して採集禁止にしようとの政策がまかり通っているが、環境を破壊しておいて捕獲だけ禁止しても、いずれ絶滅は免れない。捕獲して絶滅させることができるならば、害虫はとっくの昔に絶滅しているはずだ。カラスの捕獲は税金のムダだ。

環境が変わらないのに生物が増加するのは、新しいニッチ（エサとすみか）を開拓するためだ。最近、東京の区部でオオタカが増えたという。カラスを捕食することを覚えたからだと聞く。

20年前まではオオタカはカラスを食べなかったらしい。カラスは大きく食糧としては魅力的だ。オオタカがカラスの群れに近づくとカラスが何羽もオオタカを攻撃してくる。オオタカは逃げるふりをしてまた群れに突っ込む。そうこうしているうちに、逃げるオオタカを群れから離れたカラスが1羽で追跡してくることがある。群れから十分離れたと見るや、オオタカはふり向きざまカラスを捕獲するのだという。オオタカは捕獲したカラスもろとも水中に突っ込み、カラスを窒息死させる。すごいね、オオタカ。

新種のカミキリムシ発見

「月刊むし」という雑誌がある。世界で唯一《ゆいいつ》のアマチュアの昆虫愛好家向けの商業誌である。日本には商業誌を月刊で出せるほど、昆虫愛好家が多いということだ。他にこんな国はない。

しかし最近は、昆虫採集を故《ゆえ》なく敵視する間違ったイデオロギーのためか、若い昆虫愛好家が激減して、「月刊むし」もいつまで続くか風前のともしびのような状況になりつつある。昆虫採集を敵視する人の中には、部屋の中に蛾《ガ》が1匹飛んでいるだけで、ギャーギャーわめいて、殺さなければ気がすまない人もいる。どうやら昆虫は殺してもいいが採ってはいけないということらしい。

何で、「月刊むし」の話を書いたかというと、2014年7月号に「沖縄本島産ホソコバネカミキリ属の1新種」と題して、沖縄在住のアマチュア研究者、松村雅史氏と共著で記載論文を発表したからだ。そう書いたところで一般の人は、何のことだか理解できないだろうが、日本のカミキリムシ愛好家にとっては、43年ぶりのビッグニュースなのである。

ホソコバネカミキリ属（ネキダリス属、愛好家はネキと呼ぶ）は近代分類学の父、カール・フォン・リンネが創設した属で、日本には10種（今回の新種を含めると11種）が産し、日本のカミキリ愛好家にとっては特別な存在だ。

というのは、別項に書いたが（182ページ「擬態の謎」（一））、日本のネキはそろって珍種ばかりで、ハチに擬態したその特異な形態とあいまって、日本産全種のネキを採って自分の標本箱に収めるのは、日本のカミキリ愛好家の夢だからだ。

1970年前後は、日本産ネキのゴールドラッシュ時代で、1969年に奄美大島からアマミホソコバネ、1970年には屋久島からヤクシマホソコバネ（共に新種）が発見され、さらに1971年にはアイヌホソコバネが北海道から、カラフトホソコバネが本州から発見され（共に日本未記録種）、日本のネキはそれまでの6種から一挙に10種に増えたのだ。

その後、43年もの間、日本からは新しいネキは発見されなかった。どれだけ多くのカミキリ屋（カミキリムシ愛好家のことをわれわれはそう呼ぶ）が、第11種目のネキを発見すべく挑戦を続けたことだろう。だれもが、もはや新種のネキは日本にはいないだろうと思った矢先の発見だったのだ。

最初に採ったのは沖縄県豊見城《とみぐすく》市のアマチュア研究者、玉城康高氏。沖縄県北部の国頭《くにがみ》村のシバニッケイの花に来ているのを採ったという。採ったのは２０１３年の５月５日。何で今の今まで採れなかったかというと、ゴールデンウイークに沖縄北部でカミキリムシを採ろうと考える人はほとんど皆無だったからだ。

この時期の沖縄は天気もあまり良くなく、春に発生する昆虫と初夏に発生する昆虫の端境期《はざかいき》で、虫はほとんどいない。さらに本土から行くには、飛行機も宿も混んでいて高い。カミキリムシをよく知っていればいるほど、採集に行こうとは考えない。その盲点を突いて、よくぞ採ったものだと感心する。

常識に捕らわれていると大発見はできないのだ。玉城氏のパイオニア精神と強運に敬意を表して、学名はネキダリス・タマキイとした。

ネキダリスに関して奄美だけが特殊なのはなぜか

沖縄から新種として記載した、オキナワホソコバネカミキリの話の続きをしよう。採集者のアマチュア研究者、玉城康高氏から標本を預かって調べてみたら、どうもこの虫は奄美にいるアマミホソコバネカミキリよりも、むしろ台湾にいるナンシャンホソコバネカミキリや屋久島にいるヤクシマホソコバネカミキリに近縁のようであった。これはどうも、にわかには信じ難いことだ。

奄美にいる虫は大抵は沖縄北部にもいる。アマミクスベニカミキリは、最初奄美から発見されたが、後に沖縄北部からも発見された。他の地域にはいない。リュウキュウモウセンハナカミキリは、逆に最初、沖縄から見つかったが、後で奄美でも見つかった。

他にもイリエシラホシサビカミキリやオキナワクビジロカミキリもこの両地域だけ

に生息する。アマミモンキカミキリやオオシマミドリカミキリは、同じ種だけれども、両島には少し異なる亜種が分布する。

奄美にだけ生息していて、他にはいないカミキリもいる。その代表はフェリエベニボシカミキリやヨツオビハレギカミキリである。これらは元来は沖縄にも生息していたのだが、何らかの原因で絶滅してしまったと考えれば納得がいく。逆にオキナワジャノメカミキリのように沖縄にだけ分布する種は、昔は奄美にも生息していたのだが、絶滅したと考えることができる。これはカミキリムシではないが、日本最大の甲虫、ヤンバルテナガコガネもこのタイプと考えてよいだろう。

しかし、ネキに関しては、オキナワホソコバネは、ヤクシマホソコバネと台湾のナンシャンホソコバネに近縁で、アマミホソコバネとは形態が少し違う。ということは奄美だけ特殊なのだ。不思議である。系統と形態は必ずしもパラレルでないので、DNAを分析してみたら、オキナワホソコバネとアマミホソコバネが案外、系統が近いということも考えられないことではない。

アマミホソコバネに関して言うと、この虫に最も近縁なのは、ベトナム北部のタムダオ山にいるトンキンホソコバネである。他に似ている奴は今のところ、見つかっていない。

不思議なことにヨツオビハレギカミキリに近縁なカミキリもタムダオ山にいるのだ。奄美とベトナム北部の山にどうしてごくよく似たカミキリムシがいるのだろう。虫のやっていることは人智《じんち》を超えるなあ。

最初のオキナワホソコバネは大きなメスで、1匹だけで新種の記載をしてもよかったのだけれども、できたらオスを採ってからにしようと思い、2014年のゴールデンウイークに、沖縄の友人たちと、私の山梨大学時代の教え子で、虫採りの名手3人を誘い、8日間、沖縄北部を調査した。この時期の沖縄は天気が悪く、ネキが飛ぶような日は少ない。今年はダメかなとあきらめかけた頃、教え子の稲垣一君がオスを1匹採ったのだ。このオスを見て、私は沖縄のネキが台湾のナンシャンホソコバネやヤクシマホソコバネに近縁であることを確信して記載文を書いたのだ。

その時、私のネキが入った標本箱は、日本産の全11種が収まっている、世界で唯一の標本箱だったのである。

生物の名前の謎

Ⅲ章で、オオツノコクヌストモドキという長い名前の虫の話をしたが（165ページ「なぜオスは大きな角を持つのか——オオツノコクヌストモドキの場合」）、生物の名前はどうやって付くのだろうか。

生物の正式な名前は学名と呼ばれ、国際命名規約によって厳密に統制されている。国際命名規約は三つあって、国際動物命名規約、国際藻類・菌類・植物命名規約、国際細菌命名規約である。

それぞれの規約は独立で、他の規約の内容を縛らない。という意味は、同一の規約の内部では、一つの種や一つの属に対しては一つの学名が対応しており、その逆もまた真であるが、この規則は他の規約に関しては適用されないということだ。たとえば、Pierisという学名はモンシロチョウやスジグロチョウの属名で、それ以外の動物の属名として使うことはできないが、植物ではこの同じ学名はアセビの属名なのだ。

オーストラリアに生息するカモノハシは最初、Platypus という学名で記載されたが、実はそれ以前にこの学名は甲虫のナガキクイムシに先取されており、カモノハシにつけられた Platypus は無効になってしまい、新たに Ornithorhynchus という学名がつけられた。先につけられた方が有効というのが規約の精神なのだ。Platypus はカモノハシを指す英名として残っている。

学名と違って英名や和名は規約に縛られないので、皆がよく使っている名前が最も普通の名称で、唯一正しい和名などというものはない。一時、分類学的に正しい和名を使うべきだといった権威主義的な主張をする人たちが現われて、たとえばウスバシロチョウはウスバアゲハ（このチョウはシロチョウではなくアゲハチョウなので）、ウスバキチョウはキイロウスバアゲハと呼ぶべきだとの動きもあったが、私の周囲でウスバアゲハなどというコトバを使っている人はいない。和名は学名ではなく自然言語であって、自然言語を統制しようというのは権力欲以外の何物でもない。

そもそも、和名はいい加減だからこそ面白いので、統制したら面白くなくなるに決まっている。貝の名前にレイシガイというのがある。これに似ていてレイシガイダマシという貝があり、さらにレイシガイダマシモドキというのがある。冗談みたいな名称だが、話のネタとしては面白い。果たしてレイシガイとレイシガイダマシモドキはどのくらい似ているのだろうか。

今は、トゲハムシなどという無粋な和名がよく使われるようになって、まことに味気ないのだけれども、かつてはこれをトゲトゲと呼ぶのが普通であった。全身にトゲが生えているハムシの仲間だ。ところが、トゲトゲの中にトゲがない奴がいた。そこでついた名前がトゲナシトゲトゲ。トゲナシトゲトゲにはトゲがあるのかないのか、もちろんトゲはない。

昔、タイのチェンマイにハムシ研究の大家である故・小宮義璋《よしあき》先生と採集に行った折、真夜中に小宮先生が血相を変えて、ホテルの私の部屋に飛び込んで来た。「池田君、大変だ。このトゲナシトゲトゲ、トゲがあるぞ」。付けた名前はトゲアリトゲナシトゲトゲ。最近この仲間でトゲがない奴が発見されたようです。さあ名前を付けてみてください。

最も低酸素に強い魚は何か

地球の生態系は大きく二つに分けられる。陸上生態系と水界生態系である。古生代シルル紀（4億4000万年前～4億1000万年前）が始まるまで多細胞の動物は陸上には生息していなかった。最初に陸に上がったのはサソリなどの節足動物と考えられている。なぜ、6億年ほど前に現れた動物が2億年近くもの間、陸で暮らせなかったのだろう。

ひとつは水のコントロールが難しかったこと。もうひとつは陸上は水中より温度変化が激しく、変化に適応するのが難しかったこと。さらに太陽光に直接さらされるのでDNAの損傷を防ぐ必要があったこと。重力の影響をまともに受けるので動く方途を開発する必要があったこと、などが挙げられる。しかし、ひとたび陸上生活に適応してしまえば、陸上には水中にないメリットもたくさんある。

一番のメリットは大気の組成が比較的安定していることだ。大気中の酸素濃度や二酸化炭素濃度は地質学的時間では大きく変化しているが、そこで生活している生物が体験できるタイムスケールではほとんど変化がない。低地から高度５０００メートルまで登ると、酸素分圧が半分になり、８０００メートルを超えると人間は酸素不足で生き続けることが困難になる。しかし、低地で生活している限りは酸素が不足して死ぬことはない。

しかし、水中ではそうはいかない。水中の酸素（溶存酸素）の量は時々刻々と変化する。酸素の量がある限度以下になると、そこで生活している魚類は生命の危機にさらされる。水中では昼間は光合成をする藻類や植物プランクトンが酸素を放出するが、夜になると光合成が止まり溶存酸素量が減る。だから、多くの魚介類は、酸素濃度の変化に対して陸上動物より抵抗性がある。しかし、あまりにも下がるとさすがに生きてはいけない。

時々、瀬戸内海などで赤潮が発生して養殖漁業に甚大《じんだい》なる被害がでるが、これはプランクトンが大量に発生して酸素を消費し尽くしてしまい、溶存酸素量が極端に減るからだ。ウナギやクルマエビの養殖池では酸素を供給するために、水車を回しているが、大量の魚やエビを飼うためには、常に大気から酸素を補給する必要があるのだ。

反対に陸上では酸素濃度は急激に変化しないので、牛舎や鶏舎に酸素ボンベを備え付けている所はない。

クジラやイルカなどの哺乳類《ほにゅう》は水中から酸素を摂《と》らずに、時々海面に顔を出して直接酸素を摂取するので、溶存酸素量が低くとも死ぬことはない。魚類でも、サケマス類のように比較的高い溶存酸素量が必要な魚と、メダカのように多少低い酸素濃度でも生きていける魚がいる。高い溶存酸素が必要な種は、酸素が溶け込みやすい低温の水中か、流れが速く水しぶきが立って大気から酸素が供給されやすい所に生息している。

一番低酸素に強い魚はベタ（闘魚）で、小さなコップの中でも飼育ができる。ベタは酸素が不足すると、口を空気中に出してエラブタの中のラビリンス器官から酸素を直接摂取することができる。熱帯の酸素が不足しやすい高温の止水に棲んでいるので、そうしなければ生き残ることができなかったのだろう。

なぜクジラは巨大化したのか

前項で、陸上生態系と水界生態系の違いについて触れたが、本項では、大気と水という生活環境の違いが、そこに棲《す》む生物の形態や行動にどんな影響を与えるかについて述べよう。

地球上で最大の動物といえばシロナガスクジラである。確認された限りでの最大個体は体長34メートル、体重190トンに及ぶ。これは現存する動物の中での最大の種であると同時に地球の38億年にも及ぶ生命の歴史を通じても最大の動物である。陸上での最大の現存動物はアフリカゾウだが、その最大体重は13トンで、シロナガスクジラに比すべくもない。

なぜこんなにも差がでるかというと、水中では重力から自由になれるためだ。クジラの祖先は5000万年前に陸上を歩いていた。この時の大きさはせいぜいオオカミくらいだったようだ。それからしばらくして海に入るとどんどん大きくなって、ついにはシロナガスクジラにまで進化したのだ。

一方、重力に支配されている陸上では、大きくなるためには動物では頑丈な脚、植物では太い幹が必要だ。海中のコンブは長いものでは20メートルにもなるが体重を支える必要がないため幹はない。

南極海の氷の下の海水温は年に摂氏2度程度しか変化しない。そこに暮らす魚はマイナス2度になっても凍らずに動いているが、プラス5度になれば死んでしまう。淡水の熱帯魚は水温が15度以下では生きられない。水は比熱が大きく温度が安定しているので、水中で暮らす生物の温度耐性は低いのである。反対に陸上動物の温度耐性は高く、哺乳類の多くはマイナス10度からプラス40度くらいの温度変化には耐えられる。

海の生物と陸の生物のもうひとつの大きな違いは、陸上にはその土地にしか見られない固有の生物がたくさん生息することだ。私は20年近く前に、オーストラリアのシドニーに1年ほど住んでいたことがある。オーストラリア博物館の客員研究員として生物多様性の調査をしていたのだ。毎日、虫採りをして、オーストラリアの昆虫相を調べていたが、夕方は釣りをして遊んでいた。私の主たる調査対象であるカミキリムシは、オーストラリアに約１０００種、日本には約７５０種が生息するが、共通種はタケトラカミキリただ1種であった。

このカミキリは竹の害虫で、東南アジアから竹を移入する際に竹とともに侵入したのであろう。日本にいるタケトラも恐らく竹とともに入ってきた外来種だと思う。日本とオーストラリアの他のカミキリで、近縁な種は他には全くいない。かの地にいるのは日本にいるのとは似ても似つかぬカミキリばかりで、調査をはじめた頃はずいぶん面食らった覚えがある。

一方、海で釣りをすると、タイやアジやメゴチやスズキやタチウオといった日本でもなじみのある面々が釣れる。厳密には種は少し異なるものもいるが、見た目はよく似ている。海はすべてつながっていて、海流に乗って時に魚（特に卵や稚魚）が遠くまで運ばれるので、固有性は小さくなるのだ。陸は海で分断されているため、別の大陸に生息する生物どうしは交流することができず、遺伝的に隔離されて、独自の進化を遂げて固有性が高くなるわけだ。

極地の海でも動物が多くいるのはなぜか

近年ウナギの資源量が減少していることが大問題になっている。獲《と》りすぎが原因なのか何か別の原因があるのか定かではないが、いずれ完全養殖（卵から成魚まで育てること）ができて、天然のウナギに頼らずにウナギが大量に養殖できるようになると信じたい。

現在はシラス（稚魚）を獲ってきて、これを養殖しているが、卵からの養殖が困難なのはシラスまで育てる間にほとんどが死んでしまうためである。自然状態でどんな環境に棲《す》んで何を食べているのかが分かれば、人工養殖に大きな期待が持てる。

最近、シラス以前のウナギの仔魚《しぎょ》はマリンスノーを食べているらしいことが分かってきた。マリンスノーとは海洋の表層部で死んだ動物やプランクトンなどの死骸《しがい》とそれらが分解されたものが、大小の団子状になって海中を漂いながら落ちていくデトリタス（生物由来の破片）のことで、潜水艦からサーチライトで照らすと雪のように見えるので、そう名づけられたものだ。

ウナギの完全養殖に関して言えば、現在、マリンスノーの成分に似せたサメの卵黄を原料とした人工飼料が開発されて、餌《えさ》の問題は解決されつつあるが、大量に飼育できる環境がまだ不充分で、安価なシラスを提供できるまでには至っていない。

ところで、マリンスノーは下に落ちるばかりで重力に逆らって浮いてくることはない。マリンスノーの中の栄養分は深海の生物の生命を支えているが、深海に落ちたまま戻ってこないとなると、栄養物は徐々に深海に蓄積していってしまう。実際リンなどの比較的重い物質は、陸から海に流れ、さらに深海に沈んで蓄積していることが分かっている。リンが戻ってくるプロセスがないと、陸上生態系や海洋の表層の生態系からは徐々にリンが欠乏して生物が棲みづらい環境になってしまう。リンはＤＮＡやＡＴＰ（アデノシン三リン酸／体内でエネルギーの元として使われる物質）の成分なので、これがないと生物は生きられないからだ。

世界の三大漁場といえば、イギリス・ノルウェー・アイスランド近海、アメリカ・カナダ東海岸、三陸沖・常磐沖とされているが、これらはいずれも、寒流と暖流がぶつかる場所だ。暖流に比べると、寒流にはリンがより多く含まれていて、これが暖かい水に流れ込むと、魚の餌となるプランクトンの発生量が増えてよい漁場になるのだ。同じ栄養条件であれば、温度が高い方が植物プランクトンの生産性は高い。

もうひとつ重要なことは、寒流は暖流より重いので、下に沈み込み、その反動でリンなどの栄養物を含んだ海底水が上に昇ってくることだ。

春から夏にプランクトンが大発生して魚類やクジラなどの動物が豊かな海は、南極と北極周辺であるが、これもリンの循環と関係がある。

夏が過ぎて海面が凍りはじめるとき、最初の氷の中の塩分濃度は低く（濃度が低い方が凍りやすい）、反対に周囲の海水の塩分濃度は高くなる。濃度の高い海水は重いので下に沈み込んでいき、その反動で海面の氷が溶ける次の春には、リンを含んだ栄養分豊かな海底水が湧き上がってくるのだ。一見不毛に見える極地の海に、多くの動物がみられる理由である。

生態系にとって動物はどのような存在か

生態系を構成する膨大な数の生物たちは、機能の面からは三つのカテゴリーに分けられる。生産者、消費者、分解者である。

生産者とは光エネルギーや化学エネルギーを使って有機物を作り出す生物である。陸上生態系では主に植物、水界生態系では植物プランクトンであるが、太陽光が届かない深海では化学合成細菌である。

消費者は生産者が作った有機物に依存して生きている生物で、陸上生態系では動物、水界生態系では動物プランクトンや水棲《すいせい》動物である。

分解者は他の生物の死骸や排出物を分解する生物で、カビ、キノコ、細菌などが主たるメンバーである。消費者と同じように生産者の作り出した有機物に依存しているが、有機物をほぼ完全に無機物に分解する機能をもつ。

生産者がいなければ生態系は成り立たないのは直観的によくわかるだろう。しかし、生産者だけでは生態系は機能しないのだ。光合成をして有機物を作り出し、どんどん大きく成長する樹木もいずれは倒れて死ぬ。倒木がそのままの形で分解されなければ、倒木を構成する物質が次世代の植物に使われることはない。この世界は植物の死骸だらけになってしまうだろう。だから、生産者の死骸を無機物にまで分解するカビや細菌の存在はとても重要である。

38億年前、この地球上に生物が誕生してから6億年前まで、地球上には動物はいなかった。単細胞の生産者と同じく単細胞の分解者が生存していただけであった。生物の体を構成する物質は、生産者→分解者→生産者と循環して、生態系は立派に機能していた。そこに多細胞の消費者すなわち動物が出現した。動物はこの単純な物質循環サイクルに入り込み、生産者と分解者の間に割り込んできた。いわば生態系の寄生者である。

動物がいなくても生態系が機能するのであれば、動物は生態系のお荷物であるだけの存在なのだろうか。何かポジティブな役割はないのだろうか。実は動物も生態系に多少の役に立つことをしているのだ。それは物質循環の速度を上げることだ。たとえば、栄養物は、重力の影響で、高地から低地へ、低地から浅海へ、さらには深海へと下がっていく。

植物や分解者と違って、動物の大きな特徴は重力に逆らって動けることだ。たとえば、海辺で魚の死体を食べたカラスは、山の寝ぐらに帰っていく。そこでフンをすれば、カラスは物質を下から上に運んだことになる。カラスのフンは森の栄養物となるのだ。海鳥は海の中にいる魚を捕えて陸に引き上げているわけだから、カラスよりもさらに陸上生態系に貢献している。

もっとすごいのはサケである。サケは生まれた川から海に下って、そこで大きく育って繁殖のために故郷の川に戻ってくる。川の上流まで遡《さかのぼ》って、繁殖をしたあと力尽きて死んでしまう。まさに身をもって、栄養物を海から陸に運んでいるのだ。昔からサケの遡る川の流域の森林は育ちがいいと言われていた。北アメリカでは川をダムでせき止めた結果、サケが遡れなくなった上流域の森林が貧弱になったという報告もある。人間も動物だけれど、何か生態系の役に立っているのだろうか。

「東洋のガラパゴス」小笠原《おがさわら》に生息している唯一の固有鳥類は？

小笠原諸島は東洋のガラパゴスとも呼ばれ、東京から南へ約１０００キロメートルの絶海の群島である。その成立は２０００万年以上も前に遡《さかのぼ》るとされる。

この島々に生息する生物は、その後何らかの偶然で、遠く離れた大陸や他の島々から渡ってきたと考えられる。しかし、他の地域と交流する機会は極めて稀《まれ》であったろうから、一度、この島に入り込んだ生物は、他地域の生物との遺伝的交流はほとんどなく、独自の進化を遂げた。そのため、小笠原諸島にしか生息しない固有種の比率は極めて高く、それが東洋のガラパゴスと呼ばれる所以《ゆえん》であろう。

自生する約４５０種の維管束《いかんそく》植物（植物からコケ類を除いた、シダ、ヒカゲノカズラ、裸子植物、被子植物などの総称）の35％近くは固有種であり、樹木に限れば固有種の率は70％近くに上る。昆虫類は１５００種が産し、そのうち約４００種が固有種である。

陸産貝類の固有種率はことの他すさまじく、106種分布するうち、100種が固有種だと言われる。昔、何らかの偶然により小笠原に侵入した少数の祖先種が、小笠原という狭い地域で、同所的種分岐の結果、多様化したと考えられる。

島という特殊な環境に適応した生物は、環境の変化に対して抵抗性が少ない。とりわけ、人為的な環境改変や外来生物の侵入にさらされると、極めて脆《もろ》く簡単に絶滅してしまうこともある。たとえば、小笠原諸島には、もともと4種の固有鳥類が生息していたが、このうちの3種、オガサワラカラスバト、オガサワラガビチョウ、オガサワラマシコはすでに絶滅してしまい、現在生息している固有の鳥はメグロだけである。

かつて生息が確認されており、現在、絶滅したと考えられている日本産の鳥類は8種、そのうちの3種は小笠原の固有種である。亜種を含めると、絶滅した鳥類は14種（亜種）であり、そのうち小笠原を含めた島嶼《とうしょ》に固有の鳥は12種である。島の生物がいかに絶滅しやすいかを示すデータである。

小笠原で生き残っている唯一の固有鳥であるメグロも父島列島と聟島《むこじま》列島に生息していた亜種（ムコジマメグロ）は絶滅し、現在は母島列島に生息するハハジマメグロだけが生き残っている。メグロは長い間人間と接触しなかったためか、人間を全く恐れない。1980年前後、母島に昆虫類の調査のため数回行ったことがあるが、森の中でメグロの方から近づいて来て、かぶっている帽子に止まったので驚いたことがあった。

このメグロ。母島列島でも母島、向島《むこうじま》、妹島の3島にしか棲んでいない。母島列島にはこれ以外にも平島《ひらしま》、姉島、姪島《めいじま》という島があり、島々の間の距離は、最短で500メートル、遠くても5キロメートルくらいしか離れていない。平島、姉島、姪島の環境は向島や妹島とほぼ同じであり、メグロ以外の鳥類相も母島列島のすべての島でほぼ同じであるところからみて、平島、姉島、姪島がメグロの生息に適していないとは考えられない。なぜメグロはたかだか500メートルほどの海を渡らないのだろう。羽があるのにね。

メグロはなぜ「怠け者」になったのか

小笠原諸島の固有種（鳥類）・メグロが生息している島は、母島列島の母島、向島、妹島の3島だけであることは前項で述べた。

同じような自然環境なのに平島、姉島、姪島にはなぜいないのだろう。生えている樹木もほぼ同じ、面積も姉島や姪島は、メグロのいる向島や妹島とほぼ同じである。異なるのは標高である。各島の最標高は、母島462メートル、妹島216メートル、向島137メートル、姉島116メートル、姪島113メートル、平島62メートルで、メグロのいる島は130メートル以上、いない島は120メートル以下である。

この微妙な差は何を意味するのか。今から1万8000年前の最終氷期には母島列島のすべての島は陸続きであったと考えられている。その後、氷河が溶けて海面が上昇し、母島列島はいくつかの島に分かれたと思われる。さらに標高の低い島では海進が進み、メグロが生息できる森の面積が減少した時代があったのだろう。この時に姉島、姪島、平島ではメグロが絶滅してしまったに違いない。

問題はそのあとである。海水準が再び多少下降して、姉島や姪島の環境がメグロが生息できるようになっても、メグロは渡ってこなかったのである。妹島と姪島の間の海峡の長さはわずか500メートルである。500メートルの海峡をメグロは数千年の間渡ろうとしなかったのである。ものぐさの極みである。

ところで、メグロはどこからやってきたのかというと、DNAの分析の結果、サイパンに生息するオウゴンメジロと近縁だということがわかっている。今から数十万年前、1000キロメートルの大海原を超えてメグロはサイパンからやってきたのだ。それが小笠原諸島に定着して外敵がほとんどいない環境で、のほほんと暮らすうちに、わずか500メートルの海峡をも飛び越せない軟弱者になってしまうとは。島は生物を怠け者にするのだろうか。

伊豆諸島の御蔵島《みくらじま》と神津島《こうづしま》にミクラミヤマクワガタというクワガタムシの一種がいる。本土にいるミヤマクワガタとは全く違う系統のクワガタで、大きさは3センチくらい。本土のミヤマは大きな個体では7センチを超えるのだから、半分以下の体長しかない。体形も全く異なっている。最も近縁なのは、中国の江西省や福建省にいるパリーミヤマクワガタと、雲南省や四川省などに分布するラエトゥスミヤマクワガタである。

どんな方法で中国から渡ってきたのかは全くの謎《なぞ》であるが、このクワガタも離島にしばらく棲《す》んでいるうちに、ものぐさになったようで歩くだけで飛ばないのである。クワガタムシやカブトムシは硬い前翅《ぜんし》（鞘翅《さやばね》）を立てて半透明な後翅《こうし》で飛ぶ。ミクラミヤマクワガタは立派な後翅を持っているのに飛ばないのだ。

かつて、鞘翅を立てて後翅を繰り出して飛ぶ寸前になった個体を見た人がいるが、結局は飛ばなかったという。その話を聞いた養老孟司先生は翅があるから飛ぶというのは偏見か、と私に聞いた。その通りです。人間だって脳があるから考えているとは限らないじゃないですか、と私は答えた。

絶滅危惧《きぐ》種を救う方法は？

小笠原諸島の英名のBonin IslandsのBoninは無人の外国なまりのようで、19世紀のはじめまでは小笠原には定住民がいなかった。無人であれば当然野生動植物の天国であったろう。孤島の生物は特殊な環境に適応していることに加え、外から侵入してくる生物がほとんどいないので、環境変動や外来生物の侵入に対する抵抗性が極めて低い。

最も怖《おそ》ろしい外来生物はもちろん人間、次に人間の持ち込んだ繁殖力の強い外来生物である。小笠原に侵入した代表的な外来生物は、動物ではアフリカマイマイ、オオヒキガエル、グリーンアノール（トカゲの一種）、クマネズミ、ニューギニアヤリガタリクウズムシなど、植物ではトクサバモクマオウ、アカギ、ギンネム、ガジュマル、シマグワなどで、いずれも意図的あるいは非意図的に人為的に持ち込まれたものだ。

侵入した外来生物の一部は急激に勢力を拡《ひろ》げ、原産地における以上の隆盛を誇ることもある。

たとえば、アカギは明治時代に導入された東南アジア原産の樹木だが、母島の中央部では一見原生林のような純林を形成している。原産地では何種類もの競争相手がいて独り勝ちできなかったのが、孤島では有力なライバルがいなかったのであろう。トクサバモクマオウも明治時代に導入されたオーストラリア原産の樹木だが、落ちた葉が他の植物の生育を阻害する物質を分泌《ぶんぴ》するため、固有植物を駆逐して分布を拡大している。この種とちょうど同じ頃導入されたギンネムもまた同じメカニズムで他の植物を圧倒して純林を形成する傾向がある。面白いことにギンネムは近年衰退傾向にあるらしい。自分の毒にあたったのかもしれない。

これらの外来植物によって、多くの固有植物は絶滅の危機に瀕《ひん》している。小笠原に生息する固有植物は158種あるが、そのうち108種はレッドデータブックに掲載されている絶滅危惧種だ。中でもオガサワラツツジは現存する野生の株が1株だけである。父島にツツジ山という名の岩山がある。ここにはかつてオガサワラツツジが何株も自生していたと言われるが、1980年代にたった1株になってしまった。もう一種、ムニンノボタンという固有種も、80年代には1株になってしまった。

これらの絶滅危惧種を救ったのは東大附属小石川植物園で、挿し木や種子から株を殖《ふ》やし、自生地に植え戻しを行ったところ、今ではかなり回復したという。

絶滅危惧種を救う最もオーソドックスな方法は、自生地の環境を保全して絶滅種が自力で増殖するのを手伝うやり方であるが、数が余りにも少なくなると、自生地での勢力回復を待つだけでは絶滅を回避するのは難しくなる。

そこで、人工的に増殖させて種を保存し、自生地に戻してやるといった積極的な保全活動が重要になる。小笠原の固有植物ではこのやり方が成功しているので、ヤンバルテナガコガネやヨナグニマルバネクワガタといった絶滅寸前の昆虫もぜひ人工的に増殖して、絶滅の淵《ふち》から救ってもらいたいものだ。しかし、環境省はなぜか昆虫に関してだけは、人工的に増殖することを拒否している。不思議だねえ。

小笠原の父島・母島はどうしてグリーンアノールだらけになったのか

外来種といえば、本土ではブラックバスやセイタカアワダチソウが有名だが、いずれの外来種も在来種の数を減少させることはあっても絶滅させたという明らかな例はない。ブラックバスにより絶滅させられた在来魚や、セイタカアワダチソウにより絶滅させられた在来植物はない。大陸や大陸に近い島々に生息する生物は、常に外来種の侵入にさらされており、強い抵抗性を有しているからだ。

しかし、孤島では様相は全く違ってくる。小笠原ではオオヒキガエルとグリーンアノールという強力な外来種に多くの在来動物が滅ぼされつつある。

オオヒキガエルは米国南部から南米北部が原産の巨大なカエルで、サトウキビの害虫駆除のために、カリブ海諸国や環太平洋の諸国に導入され、小笠原の父島には1949年、米軍によりサイパンから、母島には1974年、父島から導入された。

オオヒキガエルはすさまじく強力な捕食者で、地表に生息する昆虫類、陸生貝類、小型哺乳類、爬虫《はちゅう》類などを次々と食べ尽くしていった。小笠原にはこのカエルの天敵がいないため、その増殖力はものすごく、最盛期の2005年前後、母島の沖村では1アール当たりの個体数が30匹を超えていたという。

私は1980年前後に何回か小笠原を訪れて昆虫類の調査をしたが、この時に採集した数種のゴミムシはすべて未記載種で、友人の笠原さんがそのうちの1種に私の名前を付けてくれた。クラエニウス・イケダイ（オガサワラアオゴミムシ）と名づけられたこの虫は、オオヒキガエルに捕食され尽くして、1990年代の末までには小笠原から姿を消したと思われていた。

私の名前が付いている虫が、私より先に絶滅するとは。私は個人であり、オガサワラアオゴミムシは種である。何たることだと思っていたが、最近、母島の南端の南崎で再発見されたようだ。いつ絶滅するかは分からないが、少なくとも私の寿命より長そうである。

オオヒキガエルは地表に生息する小動物や昆虫類を食べ尽くしたが、樹上に生息する生物には手が出せなかったようだ。

しかし、父島では1980年代の半ばから、母島でも1990年代の初頭頃から、樹上性の固有昆虫類の数が激減し始めた。グリーンアノールが猛威を振るい出したのだ。

このトカゲは北米の原産で、父島には1960年代にペットとして持ち込まれたらしい。母島には父島から1980年代に移入されたようだ。移入当初は市街地だけに生息していたが、20年足らずで全島に分布を拡げ、今では、父島、母島ともにグリーンアノールだらけになってしまった。

樹上性の昆虫類はグリーンアノールの餌食《えじき》になり、オガサワラシジミ、オガサワラトンボ、フタモンアメイロカミキリといった中小型の昆虫の個体数は急激に減ってしまった。同じ樹上性の昆虫でも、夜間活動性のものや樹皮下に潜むものは餌食にならなかったようで、個体数は減っていない。オオヒキガエルとグリーンアノールが生息しているのは父島と母島だけで、属島にはまだ生息していないと思っていたら、最近、属島の兄島にも侵入したらしい。どうなることやら。

なぜラッコは生態系にとって重要なのか

水族館で人気者のラッコだが、飼育するのは結構難しいらしく、日本の水族館で飼われているラッコの数はどんどん減っているようだ。ラッコが日本の水族館で飼育されるようになったのは1982年からで、腹の上に石を載せて、前脚を器用に使って貝を割って食べるといった、そのかわいらしいしぐさから大人気となり、ピーク時の1994年には全国の水族館で120頭近くが飼育されていた。しかし、現在ではその数は20頭に満たない。

飼育下のラッコは神経質で、子供を産んでも保育を放棄したり、オスのラッコは、オスの幼獣を殺したりと、繁殖させるのが難しい。さらにラッコの輸出国のアメリカが、絶滅危惧《きぐ》種のラッコの輸出を禁止したため、補充ができず、このままでは日本の水族館からラッコの姿が消えるのは時間の問題であろう。

ラッコは北太平洋のカリフォルニア沿岸からアラスカ、アリューシャン列島を経て、カムチャツカ半島、知床半島まで分布していたが、その毛皮の品質がすばらしかったので、乱獲されて、20世紀の初頭までには激減してしまった。ラッコの生息地はケルプ（昆布）の林で、アワビやウニをはじめ40種以上の底棲《ていせい》動物を食べて生活している。かつての生息数は100万頭以上だったと推定されているが、一時は2000頭くらいにまで減ってしまったようだ。

ラッコが激減して、何が起きたかというと、ラッコの餌だったウニの個体数が爆発的に増えて、ケルプの林を食い尽くしてしまったのだ。ケルプの林はそこで生活するさまざまな種類の生物にとってきわめて重要な環境で、ケルプの林が消えてしまった結果、ケルプの生態系は崩壊してしまったのである。ラッコがいたことによってケルプの生態系は安定した状態で保たれていたわけだ。ラッコのように生態系の安定性にとって要《かなめ》の種をキーストーン種と呼んでいる。

20世紀の初頭になってラッコの保護活動が進み、ケルプの林は回復して生態系も元に戻りつつあるが、近年再びラッコの数が減り始めたようだ。一つの要因は汚染である。汚染物質は生物濃縮されるので、食物連鎖の上位の種ほど汚染の影響は大きくなる。高度に汚染された貝類を食べたラッコの多くが死んだと推定されている。

もう一つの理由は、シャチによる捕食である。元来シャチはトドやゼニガタアザラシを食べていたが、これらの動物の個体数が減ってきたので、代わりにラッコを食べ始めたのである。

生態系の生物たちの関係は複雑で、人間の思い通りに生態系をコントロールするのは容易ではない。ラッコが増えすぎれば、ウニやアワビをとって生活している漁民は困り、ラッコが減りすぎれば、生態系は壊滅してウニもアワビも魚も激減してしまう。偉そうにしていても、人間も生態系の一部であり、生態系の恩恵を受けて生きている存在だ。生態系を壊さないように、持続可能な範囲で野生生物を利用する必要がある。この観点からは、ラッコを一頭たりとも獲ってはいけないという考えも正しくないのだ。

水界生態系の生産性が陸上より高いわけ

地球上の生態系は、陸上生態系と水界生態系の2つに分けられる。どちらの生態系も、生産者、消費者、分解者の3つの生物学的要素と、これらの生物に影響を与える無機的要因から成り立っていることに変わりはないが、そのありようは全く異なる。生産者は主として太陽の光エネルギーを利用して、水（あるいは水以外の電子供与体）と二酸化炭素から炭水化物をつくる生物である。陸上生態系ではほとんどの生産者は樹木や草本といった植物である。

ところが水界生態系では、シアノバクテリアのような光合成細菌や藻類である。陸上生態系の生産者である植物は組織化の進んだ多細胞生物であり、1個体の重量が大きく、生態系の中で占める現存量（ある時点における生物体の総重量）も多い。ところが、水界生態系の生産者の多くは単細胞生物であり、現存量は比較的少ない。

太陽の光エネルギーのどのくらいが生物に使われるかというと、生態系に降り注ぐ太陽光のほんの1%だけが生産者に利用され、残りは地面や水面を温めたり、水を蒸発させたりするエネルギーとなるのだ。さらに、生産者が利用できるエネルギーのうちの10%だけが消費者が使えるエネルギーとなる。消費者の中で生産者を食べる消費者を第一次消費者（植食者）と呼び、第一次消費者を食べるものを第二次消費者（捕食者）、さらにこれを食べるものを第三次消費者（高次捕食者）と呼ぶが、段階を一つ上がるごとに、利用できるエネルギーは10分の1となる。

すなわち、生態系の食物連鎖を構成する生物たちが利用できるエネルギーは、下が大きく上が小さいピラミッド型になる。生態系の構成員に第三次消費者だけを食べる第四次消費者は存在しないが、これは利用できるエネルギーが小さすぎて、個体群（種）の維持が不可能なためだ。

ところが、現存量のピラミッドを見ると、陸上生態系ではエネルギーのピラミッドと同じように上に行くにつれて狭まるが、水界生態系では生産者の現存量は第一次消費者の現存量より小さいのだ。光合成バクテリアや藻類は増殖速度が速く、増殖した分は速やかに動物性プランクトンや魚などの消費者に食べられてしまうので、現存量は小さくても生産性は高いのである。少ない元手で大もうけをしている優良企業みたいだ。この反対は森林生態系で、現存量はきわめて大きいが、生産効率はあまりよくない。

現存量のピラミッドの他に個体数のピラミッドというのもあり、森林生態系では逆ピラミッドになり、生産者の個体数は第一次消費者より少ない。樹木の個体数は、それを食べる昆虫や草食動物の数に比べてずっと少ないからだ。同じ陸上生態系でも、草原では生産者は草本なので、個体数はずっと多くなり、個体数ピラミッドは正ピラミッドになる。もちろん水界生態系では、生産者の個体数は莫大《ばくだい》であり、個体数ピラミッドは極端な正ピラミッドになるわけだ。

生態系の基本機能は太陽光エネルギーを使っての物質循環であるが、その構造は、生態系ごとにずいぶん異なるのだ。

湖の水は回転する

陸上生態系においては空気中の二酸化炭素や酸素の濃度は比較的安定していて、極端に増減したりしないので、そこに棲《す》む生物の生死や成長にとっての制限要因にはならない。陸上生態系で主たる制限要因になるのは温度、降水量、日照時間、風、土壌条件などであるが、水界生態系では、水中に溶けている二酸化炭素や酸素や栄養分(特に窒素や燐《りん》)の濃度、太陽光の透過度、水の流れ、温度などが重要な制限要因になる。

河川の生態系では、上流は流れが速く、水面が波立つことが多く、酸素が水に溶けやすい。水はきれいで、水中の栄養分は少なく、水温は低い。下流は水がよどんで酸素濃度は低い。水が濁っていて、水中の栄養分は多く、水温は高い。

これらの環境の違いはそこに棲む魚たちに大きな影響を及ぼす。上流には、冷たい水温、高い酸素濃度、貧栄養といった環境に適応した、イワナなどの動物食のサケ科の魚が多く見られる。これらの魚は流れてくる昆虫や川面を飛ぶ昆虫を食べているので、貧栄養環境の水中でも生きていける。中流から下流になるに従って、藻類を食べるアユやオイカワなどが見られるようになり、コイ、モツゴといった雑食性で低酸素に強い魚が増えてくる。

深度のある大きな湖は、表層、中層、下層で環境が違い、生息する生物も異なってくる。表層には太陽光が射し込み、植物プランクトンや浮草などが繁茂し、これらは湖の主たる生産者である。岸近くには湖の底に根を下ろした植物が成育し、カエル、カメ、巻貝、水生昆虫などが生息している。酸素濃度は高く、温帯から亜寒帯の湖では、夏は水温が高く、冬は表面に氷が張る。中層は光合成をするには暗すぎ、酸素濃度も低く、多少冷たく暗い場所を好む魚が棲んでいる。下層には低温、低酸素濃度に適した底生生物が棲んでおり、カビやバクテリアなどの分解者も多い。栄養物が蓄積していて富栄養の環境である。

冬に氷が張り、夏に氷が溶ける温帯から亜寒帯の大きな湖では、秋の終わりと、春の初めに、表層の水と下層の水が逆転するという現象が起きる。周知のように、水は摂氏4度で一番重くなる。秋が深まってきて表面の水が冷えてきて重くなると、表層の水は下層に沈んでいく。その反動で下層の水が表層に浮いてくる。冬になって氷が張ると、表層の水は冷えすぎて軽くなるので水の回転は止まる。春になり氷が溶けて、表面の水が摂氏4度まで上昇すると、再び回転が起こる。

この回転は、湖の生態系にとって大きな意味を持つ。栄養分がたくさん含まれる下層の水が表層に浮いてきて、酸素濃度の高い表層の水が下層に沈むのだ。これは表層における植物プランクトンの発生を促進させ、下層に棲む生物たちに酸素を供給する。この回転によって、湖の生産性と生物多様性が共に維持されるわけだ。熱帯の湖では、表層の水が冷えないので、水の回転が起こらず、表層の生態系と下層の生態系の相互作用は少ない。熱帯の湖の底は常に低酸素状態なので、それに耐える生物だけが棲んでいるのだ。

酸素濃度の低い深海層で生物多様性が高いのはなぜか

前項では淡水の生態系の制限要因について述べたので、今回は海洋の制限要因について述べようと思う。海洋でも溶存酸素量や二酸化炭素量、太陽光の透過度が最も重要な要因であり、次いで水温、海流なども大きな要因である。

海洋は大きく2つの部分に分けられる。沿岸域と外海（外洋）である。沿岸部の浅瀬には水温と底質の違いにより、岩礁《がんしょう》、砂浜、サンゴ礁、マングローブなどが発達する。太陽光が良く射《さ》し込むので、光合成が盛んで生産量は多い。水温が高い海域では物質循環の速度が速く、海は透明できれいである。サンゴ礁の海がきれいなのは、水中の有機物がすぐに生物に取り込まれて、水中に漂っていないからである。寒帯や亜寒帯の海が濁っているのは、たくさんの有機物が生物になかなか取り込まれずに、海中を漂っているからである。

海岸部に続く大陸棚は傾斜がゆるく、深いところで水深200メートル。太陽光が届き、光合成が盛んで、海岸域に次いで生物多様性が高い。

外海は海の砂漠と形容されるくらいに生産量が少ないが、それでも水深200メートルまでは植物性プランクトンが生息し、外海のほとんどすべての生物のエネルギーの担《にな》い手である。

外海のうち光合成が可能な水深200メートルまでの海域は真光層と呼ばれ、酸素濃度が高く、酸素を大量に必要とするマグロなどの大型で高速の魚類が生息している。ここでは植物プランクトンを動物プランクトンが食べて、それを小型の魚類が食べ、それらを大型の肉食魚が食べるという食物連鎖が成立している。

何らかの原因で栄養分が大量に流れ込むと、植物プランクトンや動物プランクトンが大量に発生していわゆる赤潮になる。植物プランクトンは昼間は光合成をして酸素を放出するが、夜間は自身の生存のために動物プランクトンとともに大量の酸素を消費するので、魚類の多くは酸素不足になり死んでしまう。

200メートルから1500メートルまでの海域は深海層と呼ばれ、光量が足りなく植物性プランクトンは生存できない。この海域に生息するすべての生物は真光層から落ちてくる有機物を食べている。ハダカイワシのような魚は夜間になると真光層に浮上して餌《えさ》をとり、大型の捕食魚が活動する昼間はまた元に戻ってくる。深海層では酸素濃度は真光層の3分の1ほどに減少し、逆に二酸化炭素濃度は1割ほど増える。

1500メートル以下の海域は深海帯で、全くの暗闇《くらやみ》であり、ここでもほとんどの生物は上から落ちてくる有機物を食べている。しかし、海底火山があるところでは熱水噴出孔《こう》から吹き出てくる熱水中に含まれる硫化水素などを利用して、化学合成により有機物を作り出すバクテリアが生息している。この周囲にはこのバクテリアを起点とする独自の生態系が成立している。

深海帯で特筆すべきことは、生物多様性が高いことだ。深海帯は長い間、環境が安定しているので、環境の激変による生物相の大絶滅が起こらず、多様性が徐々に増大していったものと思われる。その意味で、氷河に覆われることがなかった熱帯降雨林と似ている。環境の安定性は生物多様性を増大させるようだ。

愛好家を魅了する「迷蝶」の謎

２０１４年の秋、東京の中野にある昆虫専門の出版社「むし社」から『日本の迷蝶大図鑑』なる本が上梓《じょうし》された。著者は菅原春良さんと高橋直さんのお２人。共にアマチュアの迷蝶オタクである。

迷蝶と言われても何のことか分からないでしょうが、台湾やフィリピンから、風に乗って海を渡って主として南西諸島にやってくる蝶のことである。外国からやってくる昆虫といえば普通は外来種だと思うかもしれないが、外来種は通常、人為的な要因により侵入してくる生物種のことで、迷蝶は人為とは無関係な原因でやってくるところが違う。

昔は、台風の風によって飛ばされてくるのが一般的だと考えられていたが、最近では、むしろ、５月から６月にかけての梅雨前線に向かって南ないし西から吹き込んでくる風や、6月から8月にかけて南から吹く季節風も重要な原因と考えられるようになった。沖縄が返還される前までは、迷蝶が一番見られたのは九州南部で、ここでの知見が迷蝶研究の資料であった。

しかし、1972年に沖縄が日本に復帰するに及び、迷蝶調査の最前線は八重山諸島に移る。現在までに、知られる迷蝶の種類数は109種である。日本の土着の蝶の種数を正確にカウントするのは難しいが、せいぜい250種であることを考えると迷蝶の種類がいかに多いかが分かる。日本初記録の迷蝶を求めて、毎年何回も八重山諸島に調査に行くアマチュアの人がたくさんいるのもうなずける話だ。

迷蝶には流行があって、昔はめったに見られなかったが、今は良く見られるようになったものもあれば、その逆もある。迷蝶が繁殖を始めて、時に大増殖をして普通の蝶になったかと思えば、数年後に激減するといった経緯をとることも多い。

私が、勤務する大学のサバティカル（研究休暇）で沖縄の名護に滞在していた2010年から2011年にかけて、沖縄本島北部で最も普通の蝶は、ツマムラサキマダラの台湾亜種であった。この蝶は1980年代までは、沖縄では得難い迷蝶であったが、1992年に沖縄で発生を繰り返すようになると瞬く間に最普通種になってしまった。2010年の秋に本島北部の大国林道で調査をしている頃は、一日100頭以上のツマムラサキマダラが林道上を乱舞していて壮観であった。それが数年後にはあまり見られなくなってしまった。

日本の迷蝶で最も大型・美麗なものは、沖縄県波照間島で、1995、96、97、2002、03年と断続的に発生したキシタアゲハであろう。これは台湾からやってきたと考えられている。96年と97年にはかなり発生したもようで、数百頭以上の個体が採集されている。繁殖を繰り返し、定着するのではないかと思われたが、現在は絶滅して久しい。

定着していれば、日本最大の蝶になって、今頃天然記念物になっていたかもしれない。迷蝶大図鑑の著者の1人・菅原さんは1996年にこの蝶を採集したときの感激を、図鑑の中で綴っている。私もキシタアゲハを台湾やタイやベトナムで採集しているけれど、日本で採集すれば、感動の度合いが違うのだろうね。

V

ヒトの謎《なぞ》

人類の脳容量が急激に大きくなったのはなぜか

現生人類は誕生してからまだわずか16万年しかたっていない。東アフリカに生息していた16万年前のわれわれの直接の祖先はホモ・サピエンス・イダルトゥと名付けられ、われわれ（ホモ・サピエンス・サピエンス）とは異なる亜種に分類されているが、もちろん種は同じである。ミトコンドリアDNAの分析によれば、現生のすべての人は母系を遡《さかのぼ》ると約16万年前の女性にたどりつくといわれているので、現生人類がこの頃誕生したのはほぼ間違いないと思う。（最近、モロッコから約30万年前の現生人類らしき化石が見つかった。49ページ参照）

人類の系統がチンパンジーと分かれたのは約700万年前である。中部アフリカのチャドで出土した最古の人類の化石（サヘラントロプス・チャデンシス）も700万年前のものだ。すでに直立二足歩行をしていたとみられるが、脳容量はチンパンジー並みの360〜370ccであった。それからオロリン、アルディピテクス、アウストラロピテクスといったさまざまな属の人類が現れては消えていったが、約200万年前までの人類の脳容量は500ccを超えなかった。

約250万年前にアウストラロピテクスは二つの系統に分岐して、一つはパラントロプス、もう一つはホモに進化する。前者は頑丈な臼歯《きゅうし》を持ち硬い種子や植物の根などを食べていたと考えられている。脳容量500ccちょっとで100万年ほど前に絶滅するまであまり変化しなかった。一方のホモは、最も原始的なホモ・ハビリス（約200万年前〜150万年前）でさえ脳容量は600ccくらいあったとされ、少し進化したホモ・エルガステル（約180万年前〜140万年前）では900ccに達した。

急激に脳容量が大きくなったことと、人類が肉を食べるようになったことは大いに関係があると考えられている。肉を食べたので脳が大きくなったのか、脳が大きくなったので肉を食べる必要があったのかは定かではないけれどね。

この頃の人類はハンターではなくスカベンジャー（屍肉食《しにくしょく》）だったようだ。ハンターに進化したのは脳がさらに大きくなって賢くなり、道具を使えるようになってからだ。

ホモ・エルガステルは人類として初めてアフリカの外へ進出し、アジアに渡ったものはホモ・エレクトスに進化し、アフリカに留まったものは最終的にホモ・サピエンスに進化するが、一部は分岐してヨーロッパに渡り、ホモ・ネアンデルターレンシス（ネアンデルタール人）に進化した。

現生人類が肉食であることは腸の構造を見ても分かる。1万年前まで狩猟採集民であったわれわれは、肉を食べて必要なタンパク質を摂《と》った後はゴロゴロと休んでいたに違いない。その頃の人類は日に3時間くらいしか働かなかったようだ。

現代人が働くのは、炭水化物を摂りすぎて、エネルギーを使わなければ超肥満になってしまうので、働かざるを得ないことも一因だ。働かざるもの食うべからず、ではなくて、食い過ぎるので働かざるを得ない、のだ。

本来ならば肉食のライオンのような生活をしなければならないのに、草食のウマのような生活になってしまったのだ。現代人の生活は本来の人間の生活と全く違うのだから、ストレスがたまるのも無理はない。

「ミトコンドリア・イブ」とは何か

ミトコンドリア・イブという話はご存じだろうか。すべての現生人類は母系の家系をたどると約16万年前の一人の女性に行き着く。この女性のことをミトコンドリア・イブと呼ぶのである。ミトコンドリアは動物や植物の細胞の中に入っている細胞内小器官で、エネルギーを作り出している。ミトコンドリアがなくなれば、われわれは1日たりとも生きていけない。

それがなぜ16万年前の一人の女性と関係があるのか、少しばかりややこしい話を聞いてくれますかね。

実はミトコンドリアは細胞の中で生きている小さな単細胞生物みたいなもので、分裂して増殖することもできるし、独自のＤＮＡを持っていて、このＤＮＡが突然変異を起こしてちょっとだけ進化することもできるのである。細胞の中にはたくさんのミトコンドリアがあり、細胞が分裂すればこれらのミトコンドリアは生きわかれになって、どちらかの細胞に入るのだ。

われわれの体はたった一つの受精卵から発生を始めるが、受精卵の中にも、もちろんミトコンドリアは存在する。ただしこれらのミトコンドリアはすべて母親から受け継がれたものなのだ。精子にもミトコンドリアは存在するのだが、受精の時に卵に入るのは核（DNA）だけで、ミトコンドリアは入らない。この受精卵が女の子に育って子どもを産めば、ミトコンドリアは受け継がれるが、男の子に育つと、ミトコンドリアはもはや生き残るすべがなく、個体の死と運命を共にする。要するにミトコンドリアは母系のみからやってくるのだ。私の中のミトコンドリアは母親→祖母→曾《そう》祖母とたどることができる。

時々、日本人なのにたとえばアフリカ人に近いミトコンドリアを持っている人がいる。この人の何世代も前の母系をたどっていったおばあさんはアフリカ人だったのである。このアフリカ人が日本人との間で女の子を作り、この女の子がまた日本人との間で女の子を作り、この女の子がまた日本人との間に女の子を作れば、核のDNAによって支配される形質は確率8分の7で日本人になり、アフリカ人の形質は8分の1しか残らないが、ミトコンドリアはアフリカ人のままなのだ。もう何世代か下れば、形質はほぼ完璧《かんぺき》に日本人になるが、ミトコンドリアは少し変異するにしてもアフリカ人に近いはずだ。

ただしミトコンドリア・イブでちまたに流布《るふ》している「すべての現生人類はたった一人の女性だけから始まった」というのは誤解である。たとえば16万年前の一人の女の人が男の子だけをたくさん生んで、この人の子孫が今生きているとして、この女の人のミトコンドリアは当然消えているからだ。

だから、ミトコンドリア・イブ以外にもわれわれの祖先となる女の人は同世代の人類に存在したのだけれど、16万年の間、途切れることなく女の子を産み続けた系統の大本の女の人は一人しかいなかったということになる。

もし、あなたに娘さんがいて、孫娘が何人もいれば、あなたの娘さんが何十万年後の人類にとってのミトコンドリア・イブになるかもね。

ネアンデルタール人と現生人類の混血児はどうなったのか

現生人類（ホモ・サピエンス）に最も近縁な化石人類はネアンデルタール人（ホモ・ネアンデルターレンシス）であろう。最近、インドネシアのフローレス島からホモ属の化石が発見され、フローレス人（ホモ・フローレシエンシス）と名づけられた。この化石人類は5万年前までは生存していたとされるが、小型の人類で脳容量もチンパンジー並みの380ccしかなく、現生人類とはあまり近縁とは思われない。

それで今のところネアンデルタール人が現生人類に最も近縁ということになるが、いったいいつ頃この二つの種は分かれたのだろう。前項で述べたミトコンドリアDNAによる分析では、60万年前に分岐したとされるが、最近、現生人類の中にもネアンデルタール人の血が流れていると主張する論文が現れ、ほぼ正しいと考えられている。少し前にも、約2万5000年前のネアンデルタール人とクロマニョン人（当時ヨーロッパに暮らしていたホモ・サピエンスの地域集団）の混血の子供の化石がポルトガルから見つかったという話もあって真実はどうなのだろう。

この二つの人類は、約2万5000年前にネアンデルタール人が絶滅するまで数万年の長きにわたって共存していたわけだから、混血が生じるのはむしろ当然のような気がする。脳容量はホモ・サピエンスが1350cc、ネアンデルタール人は1450ccで、ネアンデルタール人のほうが大きいが、前頭葉はサピエンスのほうが大きく、知能はだいぶ違ったようである。おそらく、獲物《えもの》が少ない氷河期にサピエンスのほうが獲物を狩るのが上手で、ネアンデルタール人は獲物狩り競争に敗れて絶滅したのであろう。

さて、数万年前のネアンデルタール人の血が現代人に多少入っているとして、しかもネアンデルタール人のミトコンドリアは現代人に入っていないのが本当だとすれば、考えられることは一つしかない。サピエンスの女とネアンデルタール人の男の間に生まれた子の子孫が現代人の中に混じっているということだ（アフリカに留まったサピエンス以外の人類には1％～5％のネアンデルタール人のDNAが混入している）。

それでは、サピエンスの男とネアンデルタール人の女の間の子供は、存在しなかったのだろうか。サピエンスの女にとってネアンデルタール人の男は魅力的で、ネアアンデルタール人の女にとってサピエンスの男は魅力的でなかったのだろうか。どうやら、そういう話ではなさそうだ。

赤ん坊は母親によって育てられる。サピエンスの男の子をはらんだネアンデルタール人の女は、ネアンデルタール人の仲間の下で赤ん坊を産んで育てただろう。しかし、残念ながら、この子の子孫はネアンデルタール人の部族の消滅とともにこの世から消えたに違いない。

一方、ネアンデルタール人の男の子をはらんだサピエンスの女は、サピエンスの集団の中で赤ん坊を育て、この赤ん坊の子孫は今も生きているということだ。核DNAはネアンデルタール人から多少受け継いでもミトコンドリアは完璧にサピエンスのものだ。

ネアンデルタール人の血の混ざった赤ん坊は差別されなかったのだろうか。それともわれわれの先祖は差別主義者ではなかったのかな。

クオリアの謎

クオリアという言葉を聞いたことがあるだろうか。日本語では「感覚質」と訳され、「イチゴのあの赤い感じ」とか「ウニを食べたときの何とも言えない食感」とか「性的に絶頂に達したときの気持ちよさ」とかいろいろと表現されるが、それだけでは普通の人には何のことだか分かるわけがない。

「百聞は一見にしかず」という諺《ことわざ》がある。人からどんなに聞かされても、自分で経験しなければ分からないという意味だ。たとえば、キリンを見たことがない人にとっては、キリンがどんなものかいくら聞かされても、キリンを納得できる形では理解できない。動物園はおろか写真すらなかった昔の人にとって、キリンは想像上の動物でしかなかった。

この想像上の動物は「麒麟」と書かれ、オスを麒、メスを麟という。キリンビールのキリンである。明《ミン》の鄭和《ていわ》が大遠征を行った際に、アフリカから現在キリンと呼ばれる実在の動物を連れて帰り、永楽帝に「麒麟」として献上したことから、実在のこの動物をもキリンと呼ぶようになったという。いずれにしても、聞いただけでは分からないが、一目見れば分かる、ああこれがキリンかという生の感覚がクオリアである。目の前のウイスキーのビンに茶色い透明な液体が入っている。でも見ただけではウイスキーのクオリアは感じることができない。もしかしたらウーロン茶かもしれない。でも一口飲めばウイスキーであることはたちどころに分かる。ウイスキーは味のクオリアだからだ。

英国の哲学者カール・ポパーは世界を三つに分けた。世界1、世界2、世界3である。単純に言えば、世界1は自然、世界2は私、世界3は言明（表現）である。実在のキリンは世界1に属するが、キリンという言葉は世界3に属する。世界2は世界1とコミュニケートしてクオリアを感じるが、世界3とコミュニケートしてもクオリアは感じない。

キリンというクオリアを感じて、それを他人に伝えるときに、われわれはキリンという言葉を使わざるを得ないが、キリンという言葉からクオリアは導き出せないということだ。現代人はあまりにもどっぷりと表現の世界につかっているため、クオリアと言葉の違いを理解するのが難しくなってしまったのかもしれない。
われわれの世界2は世界1と直接的なコミュニケーションを起こしたときクオリアを感じるが、これを感じるのはもちろん脳である。私見によれば、クオリアの最大の謎は、たとえば異なるキリンを見たときに脳の中で生じている神経の活動パターンは微妙に違うはずなのに、なぜわれわれの脳はキリンという同じクオリアを感じるのかということだ。

それと関連して、夢を見ているとき、われわれはクオリアを感じているのだろうか。人によっては鮮やかな色のついた夢を見るという。この人は夢の中で色のクオリアを感じているのだろうか。夢は脳の中だけで起きている現象である。夢の中に真実のクオリアがあるということは、世界1とコミュニケートせずに世界2のみでクオリアを作れることを意味する。果たしてそんなことが可能なのだろうか。

人間の能力を決めているのは遺伝か環境か

人間の能力を決めているのは遺伝か環境か、すなわち氏《うじ》と育ちのどちらが重要かという論争は昔からあったが、現在ではほぼ決着していると言ってよいだろう。どちらも同じくらい重要なのだ。

遺伝的な能力が高くても、育つ環境が悪ければ、能力は開花しない。もちろん、遺伝的な能力のキャパシティー以上は期待できないが、遺伝的能力が低くても、育つ環境が良ければ人並み以上の能力が期待できる。

遺伝子はあるだけでは役に立たない。活性化して働かなければ機能しないのだ。良い遺伝子を活性化し、悪い遺伝子を不活性化することにより、遺伝的能力を最大限に引き出すことができる。胎児と新生児の時の環境は特に重要である。少し前に書いたように、たとえばＳＲＹという男を作る遺伝子は、受精後7週目から8週目に働くが、何かの加減で働かなければ、存在していても機能せず、男を作れない。

さらに遺伝子が首尾よく働いて、正常な形質が作られても、環境が悪ければ正常に機能しないのだ。特に脳の機能は環境に強く左右される。生まれたばかりの赤ちゃんの脳細胞は1200億個あるが、成人のそれは120億個である。生まれた後で外界からの刺激を受けなかった脳細胞は急激に死滅して、2歳くらいまでに200億個に減る。刺激を受けた細胞は大きく発達し、周囲の細胞とコネクションを作り、高度な能力を獲得していく。

だから、遺伝的には目が見える能力を持つ赤ちゃんでも、生まれてから4歳近くまで目隠しをして育てると目が見えなくなってしまう。脳の後方にある視覚野の細胞が、刺激を受けず機能しなくなってしまうからだ。多くの人では言語野は左の側頭葉にあるが、8歳くらいまでに、言語刺激を与えられなかった子は生涯しゃべれなくなってしまう。

アメリカで、父子家庭で言葉をかけられずに、水と食物だけを与えられて育てられた子がいた。この子は11歳のときに救出されたが、周囲の大人たちの必死の教育にもかかわらず、ついにしゃべれるようにならなかった。同じような境遇で6歳で救出された子は、なんとか社会生活を送れるまで立ち直ることができた。

ある能力はある時期までに刺激を与えないと発達しない。この時期をその能力に関する臨界期という。視覚の臨界期は4歳、言葉の臨界期は7〜8歳と考えられる。音楽でも、一流の音楽家になるには8歳までに楽器を習う必要がある。8歳までに楽器を上手に操れるようになった子は、脳の構造が変化するらしい。8歳以後に習っても、脳の構造は楽器を習わなかった子と変わらないという。

脳の容量は凡人でも天才でもさして変わらないのに、片や天才、片や凡人になるのは、遺伝的能力の違いばかりでなく、小さい時の環境によって脳の構造が変化するためだ。どんな刺激が脳に入るかによって脳の構造が変わる。ある分野で天才的な能力を持つ人は、それに関わる脳の部位が大きくなっており、それ以外の部位はその分小さくなっている。ある分野の天才は得てして、他の能力は凡人より劣っているのはそのためだ。

花粉症の謎

杉花粉症の季節になると、いまにも弾《はじ》けんばかりに、たわわに付いている杉の花粉を見るだけで、気分が悪くなる人もいると思う。杉花粉症は日本人の約5分の1、2500万人が患《わずら》っている国民病であるが、昔は今ほどたくさんの患者はいなかった。杉は昔も日本の山野に同じように生えていたのに、1960年代から患者が急増したのはなぜか。

原因はいろいろといわれているが、一番大きな要因は、戦後、木材需要が高まり、農林省（現農林水産省）が杉の植林を奨励して大量の杉の苗木が植えられたにもかかわらず、育った頃には外国からの木材が安くなって、国産の杉材の需要が低迷して伐採されず、この杉が大量の花粉を飛散させたからだろう。花粉症はある閾値《いきち》以上の花粉を浴びると、急に発症するらしく、まずはこれが第一の原因であることは間違いない。

しかし離島などでは杉がたくさん生えていても花粉症の患者が少ない所もあることから、副次的な原因もあると考えられる。一つの仮説は、自動車の排ガスと花粉が反応することで、アレルギーの抗原としてより強力になるのではないかとの考えだ。確かに自動車の普及以前は花粉症は存在しなかったようなので、これは有力な考えかもしれない。

これと関連してもう一つは、街にコンクリートなどで舗装された場所が増え、飛散した花粉が何度でも舞い上がるからではないかともいわれている。土の上に落ちた花粉は再び空中に舞い上がることはないようで、湿った土の上に落ちれば、それ以上悪さはしないみたいだ。

しかし、それでも腑《ふ》に落ちないところもある。同じように花粉を浴びても、花粉症になる人とならない人がいるからだ。病気に対する抵抗力は人によってさまざまであるから、これ自体は驚くべきことではないが、なぜ個人差があるのか興味深い。

アレルギーを起こす抗体はＩｇＥ（イムノグロブリンＥ）という物質で、これはアレルゲン（アレルギーを起こす抗原）に反応して生産され、これが過剰に作られるとアレルギーを起こす。花粉症がない人は花粉というアレルゲンに遭遇しても、抗体をほとんど作らないのでアレルギーを起こさない。

通常、抗体は体を害する細菌やウイルスをやっつけるために作られるわけで、花粉というそれ自体は悪さをしないものに過剰に反応して自分自身を病気にする抗体をむやみに作るというのは、生き延びることを目的とする生物の生理的反応としては明らかに異常である。中にはアナフィラキシーといって、あまりに激しいアレルギー反応を起こして死に至るケースもある。いったい何でこんなへんてこなことが起こるのか。

有力な仮説は、ＩｇＥは本来は対寄生虫用の抗体であったというものだ。１９６０年代ごろから、日本では寄生虫に感染する人が極端に減って、本来の仕事がなくなったＩｇＥが、花粉などというどうでもいい抗原に反応しているという説だ。

藤田紘一郎博士によれば、サナダムシを体内で飼うと花粉症が治るとのことだ。花粉症のあなた、試しにサナダムシを飲んでみますか。

ヒトと共生する微生物の謎

ヒトの体の表面や腸内にはたくさんの微生物が棲《す》んでいる。ほとんどは真正細菌で、その数は100兆を超えると言われている。ヒトの細胞数は37兆個と考えられているので、われわれは自分の細胞の数より多い微生物と共生しているのだ。これらの微生物の多くは善玉菌で、体から微生物が全くいなくなってしまうと、恐らく体調が絶不調になって、場合によっては死んでしまうだろう。

よく、自分の体は自分のものだから、自殺するのも自分の勝手だと主張する人がいるが、あなたが自殺すると、あなたの体に棲んでいる100兆もの命が道連れになる。あなたの体とそこに棲む微生物の関係は、地球と地球上に棲む動植物の関係と同型なのだ。地球が爆発したら、地球上の生物も運命を共にせざるを得ないように、あなたが死ぬとあなたの体に棲む微生物も運命を共にして滅びるのだ。

だから、自分で自分の命を絶つのは、微生物大量殺戮《さつりく》という犯罪なのだ。わざわざ自殺などしなくともいずれ死ぬのだから、死に急ぐことはない。

皮膚の表面や腸の中ばかりでなく、口内にもさまざまな微生物が棲んでいる。キスをするということは、だから実は、私の口内細菌を相手にあげて、相手の口内細菌をもらうことなのだ。恋人たちは「愛しているよ」「私も愛しているわ」と言ってうっとりとキスをするが、「愛している」とは実は「細菌相を共有してください」という謂《い》いなのである。

でも「愛しているわ」と言うかわりに「細菌相を共有してください」と言ったら、間違いなくフラれるだろうね。この世ではあまり本当のことを言ってはいけないのである。恋愛はウソつきゲームみたいなものだから、なおさらである。

さて、皮膚の表面の細菌は、外部から侵入しようとする悪い細菌を排除するのにもとても役に立っている。腸内細菌はもっと重要で、バランスが狂って悪玉菌が増えると、腸の具合が大変悪くなる。アメリカで大きな問題となっているのは、クロストリディウム・ディフィシルという悪玉菌による悪性の下痢で、アメリカで毎年50万人が感染して、1万4000人が亡《な》くなっているという。

患者の多くは抗生物質を飲んだ副作用としてこの感染症にかかるようだ。よく知られているように、抗生物質を飲むと、腸内細菌の多くは殺されてしまう。かなり健康な人でも肺炎などの治療のために抗生物質を飲むと、お腹《なか》の調子が悪くなって、便秘や下痢になりやすい。

私も数年前に咽頭炎《いんとうえん》になって抗生物質を飲んだ後で、しばらく下痢が続き苦労した覚えがある。クロストリディウム・ディフィシルは特に悪性で抗生物質に強く、他の菌が死んだ腸内を占拠して悪さをするのだ。

この治療法で最も有効なのは、健康な人の糞便《ふんべん》をカプセルに入れて飲むことだという。なぜカプセルに入れるかというと、カプセルに入れないと、胃の中でほとんどの細菌が殺されるからだ。カプセルに守られて胃を通過した糞便は腸に達してカプセルが溶け、中からたくさんの善玉菌が出てきて、腸内細菌相を正常に戻すというわけだ。

感染症はいつから発生したのか

現代人を悩ませる病気といえば、がんや心疾患、糖尿病などの生活習慣病であろう。日本ではがんは増加の一途をたどり、死因の第1位を占めて久しい。

しかし、途上国では今でも感染症の方ががんよりも死者数は多い。日本でも戦前は、結核、胃腸炎、肺炎などの感染症が死因の上位を占めていた。多くの人はがん年齢になる前にこれらの感染症で亡くなってしまったのだ。

ところで、これらの感染症は大昔から人類とともにあったのだろうか。確かに江戸時代には感染症が猛威をふるっていた。それでは弥生《やよい》時代はどうか、縄文時代はどうかとさかのぼるとこれがだんだん怪しくなるのだ。

今から1万年より前、人類は狩猟採集生活を送っていた。人はバンドと呼ばれる50人から100人くらいの集団を作り、外の集団とはめったに接触を持たなかったようだ。こういう条件では、人類にだけ取りつく特有の感染症は存在できないし、人類に固有の寄生虫症の存在も難しいのだ。

いま、人類に固有の感染症があったとしよう。この感染症が50人から100人の集団に侵入すると、小さく親密な集団ゆえに、免疫《めんえき》がない状態ではほとんどの人が病気にかかると考えてよい。ある人は運悪く命を落とし、ある人は助かるだろう。しばらくすると病原体はこの集団から消えてしまう。

感染症が存在し続けるためには、少なくとも感染可能な集団の中の誰かが病気でいる必要があるのだ。たとえば、はしかが人間社会から消えないのは、少なくとも1人がはしかにかかっていて、はしかウイルスを持っており、他の人に伝染するからだ。天然痘は人類最後の天然痘患者が消えた瞬間に人類の集団から消えたのだ。小さな孤立集団しか存在しない社会では感染症の病原体は存続できない。

寄生虫はどうだろう。狩猟採集生活を送るバンドは、1カ所に定住しないで、次々に住む場所を移していった。人類を最終ホストとする寄生虫は複雑な生活環を持っているのが普通だ。たとえば、人間から排出された卵が中間宿主に入り、そこでしばらく育ち、最終的に人間に戻ってきて成虫になり、卵を産んで、サイクルが完了するという具合だ。ところが、サイクルが完了する前に人間が移動してしまうと、このサイクルを保てない。ということは寄生虫もまた狩猟採集民に取りつくことは難しいのだ。

それでは1万年以上前の狩猟採集民は病気にならず長生きしたかというと、決してそうではない。けがや破傷風や動物との共通の感染症などはバンドの人々を悩ましたに違いない。栄養状態も常に好適とはいえなかったろうから、飢えや寒さで死ぬことも多かったろう。平均寿命は恐らく15年に満たなかったと思われる。

その後しばらくして人類は農耕を発明する。定住生活が始まり、人口は徐々に増大すると同時に、人類に固有の感染症も出現し始める。たとえば、結核菌が出現したのは9000年くらい前だと考えられている。日本に伝わったのは3世紀頃。つい最近のことだ。

エマージング・ウイルスが人間を宿主にするのはなぜか

２０１４年に西アフリカで流行したエボラ出血熱が、アメリカにも飛び火して大騒ぎになっている。エボラ出血熱はエイズと同じく、エマージング・ウイルスにより引き起こされる感染症で、つい最近になって人間社会に出現したものだ。近年、従来見られなかった新タイプのウイルスが人間を襲うようになって、これらを総称してエマージング・ウイルスと呼ぶ。

多くのエマージング・ウイルスはアフリカ起源である。どうしてだろう。恐らくアフリカの自然生態系が破壊されて野生動物が激減したことと関係がある。ＨＩＶ（エイズを発症させるウイルス）はチンパンジーあるいはアフリカミドリザルから人間に移ってきたと信じられているし、エボラのオリジナルホストはコウモリではないかと言われている。

多くのウイルスは寄生する宿主が決まっている。ウイルスにとってみれば、宿主とする野生生物の数が減ってくれれば、自分自身の生存が危うくなる。宿主が絶滅してしまうと、自分も運命を共にせざるを得ない。そこで、何とか別の宿主を探して生き残りを図ろうとするに違いない。

宿主として最も有望なのはもちろん人間である。現在、人類の総人口は約75億人。ひとたび人間を宿主にすることができれば、ウイルスは当分安泰である。それで無理をして人間に飛び移ってくるのだ。

宿主とウイルスの関係はなかなか微妙である。ウイルスがむやみに強毒で、宿主を簡単に殺してしまうのは、ウイルスにとっても好ましくない。宿主がある程度動き回れて、別の宿主にウイルスを移してくれないと、ウイルスが個体群の中に拡《ひろ》がっていけないからだ。だから、ウイルスがホストとなる種にとりついて長い時間が経《た》つと、感染症は徐々に軽い病気に進化していくと考えられる。

しかし、新しくとりついたばかりの宿主に関しては、ウイルスもまだ勝手が分からず、宿主を殺してしまうことが多い。エイズやエボラ出血熱の致死率が高いのはそのためだ。

狂犬病ウイルスのオリジナルホストはコウモリであるが、コウモリは感染しても発症しない。長い共進化の結果、共存するようになったのだ。しかし、このウイルスが人や犬に感染して発症すると致命的になる。

エイズのウイルスやエボラウイルスが人間に移ってきた具体的な経緯は定かではないが、一説には、ブッシュミートを食べたときに、感染したのではないかとも言われている。ブッシュミートとは、野生動物の肉のことで、ウイルスに感染した動物を捕獲し、解体する過程で、ウイルスが人間に伝染《うつ》ったのではないかという説だ。

ありそうなストーリーであるが、ブッシュミートは昔から食べられていたに違いなく、なぜ最近になって人間の体に伝染ったのだろう。恐らくもっとも重要なファクターは人間の人口増と交流スピードの加速であろう。昔もブッシュミートを食べてウイルスに感染して死んだ人はいたのだが、死者は家族や部族の一部に限られていた。ウイルスが強毒で患者をすぐに殺してしまえば、感染した人がすべて死んだ時点で病気は終焉《しゅうえん》してしまう。しかし、人口が増えて交流が繁《しげ》くなると、次々に感染者が出現してウイルスは拡がっていくことになる。

エイズが恐ろしい病気になったのは人間がエロくなったせい？

前項で、感染症は徐々に軽くなるように進化したと述べた。軽い病であれば、患者が動き回って他の人に病原体（ウイルスや細菌）が伝染する確率が高くなり、病原体の生存に有利になるからである。この意味で最も成功したウイルスは風邪のウイルスであろう。

風邪にかかっても重篤《じゅうとく》になることはめったになく、咳《せき》をしながら歩き回って他人にうつしている。だが、大多数の人が同じウイルスに感染して免疫を獲得すると、ウイルスは免疫のある人には入り込めず、数がどんどん減っていく。

そこで、風邪のウイルスの取った戦略は突然変異である。DNAの突然変異により別のタイプに変貌《へんぼう》すれば、大多数の人がニュータイプに対する免疫を獲得するまでは、このウイルスは個体群中に拡がることができる。

風邪のウイルスは症状のマイルド化と変異率の増大で無敵のウイルスになったと考えられる。人間的な比喩を使えば、賢いウイルスなのだ。

反対にアホなウイルスの筆頭は天然痘のウイルスであろう。このウイルスは強い感染力を持ち致死率も高く、長い間恐れられていたが、予防接種（種痘）の普及により人間の個体群から消えてしまった。突然変異により新しいタイプに変貌することができなかったのである。

ところで、すべての感染症が徐々にマイルドになるわけではない。マラリアは今も猛威をふるっている感染症である。病原体はウイルスではなく、プラスモディウムという原虫である。マラリアは患者が動き回って他人に伝染させるタイプではなく、蚊が患者の血を吸ってマラリア原虫を運んで、他の人に移すタイプの感染症である。蚊が原虫を媒介するので、患者は動けなくても病原体は個体群中に拡がることができる。

だから、接触感染や空気感染をする病原体と違って、マラリアはマイルドになるようには進化しないのだ。むしろ、患者が蚊を追い払う元気もなくなった方が、原虫の伝播にとっては有利となる。

公衆衛生のインフラが整っていない頃は、赤痢も恐ろしい感染症であったが、これは、赤痢菌を含む糞便が上下水道の未整備により、簡単に別の人の口に入ったからだ。

患者が動くことができなくなっても、こういった経路で病原体の媒介が確保されていれば、病状はマイルドにならない。

ここに記したように、一般的にはマイルドになるはずの感染症がマイルドにならないのには理由があるのだ。

前項で、エイズはチンパンジーなどの類人猿から人間社会に伝播した病気だと述べたが（私自身はこの説は正しいと思っている）、もともと人間社会に存在していた病気で、それが突然、致死率が高い悪性なものに変異したとの説もある。

この説の根拠は、ヒトが性的に活発になれば、HIV（エイズウイルス）は短期間でたくさんの人に伝播するので、エイズ患者と末永く共存するよりも、数年で患者を殺しても、患者の体内で素早く増殖する方が有利だというものだ。エイズが恐ろしい病気になったのは人間がエロくなったせいだというわけだ。面白い仮説だけれど本当かしらね。

がんを放置しても治療しても予後に差はない。なぜか

最近、近藤誠・元慶応大学講師の『がん治療で殺されない七つの秘訣《ひけつ》』（文春新書）、『医者に殺されない47の心得』（アスコム）、『「余命3カ月」のウソ』（ベスト新書）といったアンチがん治療の本が売れている。がんには転移する悪性のものと転移しない良性のものがあるのだが、厳密に見分ける方法が今のところないので、医者に行くとすべてのがんは同じように治療されてしまう。ところが転移性の悪性がんは治療してもすでに転移しているので治らないし、良性のものは治療しなくても命に別条はないというのが、近藤理論の要諦《ようてい》である。

ここから導かれる結論は、がんは早期発見して治療しても、検診などはせず放っておいても予後に差はないので、これらの医療行為はムダだというまことにラジカルなものだ。そうなると、がん手術で潤《うるお》っている病院や、抗がん剤でもうけている製薬会

社は大きな利権を失うことになるので、この方面からの近藤元講師への批判は一時はすさまじかった。最近は、近藤誠とまともに論争すると負けてしまうかもしれないとの恐れが生じたらしく、だんまりを決め込むことが多くなってきたみたいだ。

ダーウィニズムがヨーロッパを席巻《せっけん》していた19世紀の後半、それに対する頑強な反対者であった老フォン・ベーアは、勝ち残った理論は三つの段階を経ると喝破したという。最初はバカげているとして退けられ、次には主流派でないという理由だけで拒否され、ついには、実は最初からそんなことは分かっていた、といって受容されるというわけである。この伝でいくと近藤理論は第2段階にあるといえそうだ。あと10年もすると「当たり前じゃん」となるかもしれない。

がんは正常細胞が突然変異したたった一つのがん細胞から発生することが分かっている。全身にがんが転移した女性のがん患者のがん細胞のX染色体を調べてみると、不活性化しているX染色体はどのがん細胞でも同じなのだ。別の項（144ページ『女心と秋の空』が移ろいやすいのはなぜか」）で書いたように、女性では二つあるX染色体の一つは細胞ごとにランダムに不活性化される。X染色体の一つは父から、一つは母から来るのでDNAの配列が少し異なり、調べればどちらのX染色体が不活性化しているのか分かる。

もし一つのがんが複数の細胞から起源したとするならば、全身に転移したがん細胞のX染色体の不活性化には二つのタイプがあってもいいはずだ。何百億個というがん細胞がすべて同じタイプということは、これらのがん細胞がたった一つの祖先細胞に由来したことを意味している。この祖先細胞はがん幹細胞と呼ばれ、分裂して少数の自身と同じがん幹細胞と多数のがん細胞を生み出すのだ。

近藤誠によれば、転移するかどうかというがんの性質は最初に発生したがん幹細胞の能力により決定される。通常、直径1センチのがんは早期がんと呼ばれるが、10億個以上のがん細胞の塊で、がんの成長プロセスからはもはや末期で、転移能力のあるがんではすでに転移しているのだ。大きながんでも助かる人もいれば、小さながんでも助からない人もいる理由はここにある。かなり説得力のある考えだと思う。

ヒトの寿命はどうすれば延びるか

健康で長生きしたいのは多くの人々の望みであろうが、人間の体は自然物であって、自然が人間の思い通りにならないのは、昔も今も変わらない。

確実な証拠がある中で120歳を超えて生きた唯一《ゆいいつ》の人はフランスの女性のジャンヌ・カルマンさんである。122歳5カ月余り。男性は日本の木村次郎右衛門さんの116歳2カ月弱である。

すでに別項でも書いたように（38ページ「哺乳《ほにゅう》類はなぜ長生きできないのか」他）、哺乳類の寿命は遺伝的に決まっている。ヒトの分裂可能な細胞は50回分裂すると寿命が尽きてしまう。これをヘイフリック限界という。染色体の末端はテロメアと呼ばれる特殊なDNAからなり、細胞が分裂する度にこれが少しずつ切れて50回でテロメアが消失して細胞の寿命が尽きると考えられている。

一方、心臓の細胞や脳の神経細胞は分裂しないが、細胞の中に老廃物がたまり、やはりある限度までくると寿命が尽きる。ヒトの場合は分裂細胞の寿命も非分裂細胞の寿命も共に120年くらいである。日本の100歳以上のお年寄りの人口はそろそろ7万人に達しようとしているが（ちなみに1963年はたったの153人、1981年は1072人だった）、最高齢は常に114歳プラス・マイナス2歳でほぼ変わらない。寿命は確率的な事象ではなく遺伝的に決まっている何よりの証拠である。

もちろん、すべての人が120歳まで生きる潜在的可能性を有しているわけではない。長寿の人は幸運にも長寿になる遺伝的組成をもって生まれてきたのだ。残念だが、短命の遺伝的組成をもって生まれてきた人は、その人に備わった寿命以上は長生きできない。ジャンヌ・カルマンさんの兄は97歳、父は92歳まで生きたというから長寿の家系なのであろう。

毎年、健康診断を受けて、医者の言うことをよく聞いていれば、あたかも長生きできるかのような言説が流れているが、医療資本が金もうけのために流した大ウソである。まともに信じるとかえって早死にすると思う。カルマンさんは100歳まで自転車に乗り、114歳まで自力で歩き、100年近く毎日たばこを吸っていたが、火をつけてくれる介護者を気遣って117歳で禁煙したという。たばこを吸うと早死にするというのも、禁煙を金もうけのネタにしたい医療資本の真っ赤なウソだということがよく分かる。

フィンランドの保健局が１９７４年から、約１２００人の管理職を対象に、半数の６００人には5年間、４カ月ごとに健康診断を行い医者の指導を受けさせ、残りの半数にはそのような介入を行わずに、死者数と死因の追跡調査を行ったところ、１９８９年までの15年間に、介入群の死者数は67人、非介入群の死者数は46人であった。医者に診てもらうと早死にするという話である。

北海道の夕張市は財政破綻《はたん》により市立病院が消えて、市内からはＣＴもＭＲＩも１台もなくなったという。高齢化率（65歳以上の総人口に対する割合）45％の夕張市で何が起きたか。驚くべきことに、高齢者１人当たりの医療費は10％近く減り、さらには死亡率も減少したのだ。長生きしたいなら病院に行くなってことだね。

カニバリズムはなぜタブーなのか

カニバリズム（共食い）はおぞましいこととして多くの文化では忌避されてきた。確かに人間ではカニバリズムは普通ではないが、多くの動物では、共食いは普通の食習慣であろう。カマキリの卵嚢《らんのう》を狭い容器の中で孵化《ふか》させて餌《えさ》を与えないでおくと、たくさんいた若虫の数がどんどん減ってついには1匹になってしまう。腹が減って共食いをしたせいである。

もっとも、餌を豊富に与えておけば共食いをしないかといえばそんなこともなく、やはり、何匹かの若虫は共食いされてしまう。カマキリは、餌と仲間の区別がつかないのだ。有名なのはカマキリのメスが交尾している最中にオスを食べてしまうという話である。カマキリにとっては動くものはなんでも餌で、オスも餌も区別していないのだろう。オスも、むざむざと食べられていることはなく、9割は逃げるということだ。食われたオスは交尾に夢中になりすぎて、つい逃げるのを忘れたのかもしれない。

人間は、現在ではよほどの特殊事情がない限り共食いはしないが、少し前までは、神に共食いが文化になっている社会があった。スペインに滅ぼされたアステカでは、神に人間の生贄《いけにえ》をささげる風習があった。生きたまま胸を開いて心臓を取り出し神にささげたという。アステカでは捕虜を食べることも行われていたらしい。良質なタンパク質を入手するのが難しかったのかもしれない。若くて肉付きのいい捕虜は特に好まれたと思われる。現代人が、ブタやウシを食べる感覚で、人を食べていたわけだ。

ニューギニアのフォア族では死人を食べる習慣が1960年代までごく普通にあったようだ。これは栄養の補給と言うよりもむしろ愛する死者と繫《つな》がろうという精神的・宗教的な色彩が強い儀式といってよいだろう。そのため一番の近親者が死者の肉体の中で一番重要と考えられた脳を食べたようだ。

その頃の、フォア族の間では、クールーという致死性の奇病が流行していた。この病気は最初遺伝病だと思われていた。親がクールーで亡《な》くなった後、数十年たって子も同じ病気で亡くなることが多かったからである。しかし、アメリカのウイルス学者であったガジュセックは、この病気は遺伝病ではなく感染症であることを突き止める。彼は、この功績によりノーベル賞を受けるが、後に、幼児性愛の容疑をかけられて有罪となり、しばらく収監されていた。

後年、クールーはプリオン病の一種ではないかと考えられるようになり、狂牛病やクロイツフェルト・ヤコブ病、致死性家族性不眠症などと同類の病気だと考えられるようになった。プリオンというタンパク質が伝染病の原因であるという話は、前代未聞で学会に衝撃を与えた。異常プリオンが脳の中で正常プリオンを自身と同じ異常プリオンに変えていくのではないかと言われている。患者の脳を食べた人が十数年経《た》って発病する理由である。

人間にとって一番危険なのは人間だということがよくわかる。カニバリズムがタブーになったのはおぞましいだけでなく、そういう理由もあったのかもね。

過度な運動が健康に有害なわけ

細胞はダイナミック・システムだという話はすでにした。細胞の中ではさまざまな高分子が代謝をして縦横に運動している。生きるのに必要な物質を細胞外から取り入れ、不要になった物質を細胞外に捨てている。

代謝をするために最も必要なのはエネルギーである。エネルギーは、細胞外から取り込んだ食物を最終的に水と二酸化炭素に分解して、ここから得ている。細胞の近くに炭水化物などの食物がやってくると、細胞はファゴサイトーシスと呼ばれるプロセスで食物を細胞内に取り込むのだ。細胞膜が食物を取り囲むように変形して、食物は膜に包まれて、細胞の中に入ってくる。

一方、細胞内にはリソソームと呼ばれる、一重の膜で囲まれた直径1マイクロメートルほどの小胞があり、中に加水分解酵素が入っている。膜に囲まれていることは重要である。細胞質の中に直に分解酵素が存在すれば、細胞が分解されてしまうからだ。食物を取り囲んでいる小胞（ファゴサイト）とリソソームは融合して、この中で食物は加水分解酵素によって分解され、エネルギー源になるのだ。細胞の周囲に食物が乏しくなると、リソソームはミトコンドリアなどの細胞内小器官を加水分解してエネルギー源にしてしまう。これをオートファギィという。自分を食べるという意味だ。

リソソーム内の酵素にはさまざまなものがある。たとえば、遺伝的に脂質を分解する酵素が欠落していると、患者はテイ・サックス病という難病になり、大人になるまで生きられない。生物は本当に微妙なバランスの上に生きているのだと思う。

酸素は猛毒だという話は以前書いた。酸素は細胞内のさまざまな高分子を酸化して機能不全にしてしまうのである。約28億年前にシアノバクテリアという光合成細菌が現れて、光のエネルギーを使って、水と二酸化炭素から有機物を作り始めた。その際、副産物として酸素が放出され、多くの細菌が殺された。

一方で、酸素を使って効率よくエネルギーを取り出す生物も現れた。ミトコンドリアと呼ばれる細胞内小器官はそのための道具である。しかし、ミトコンドリアが働けば、酸素の中でも特に危険な活性酸素が不可避的に作られて、細胞は傷ついてしまう。そこで、細胞が開発した道具がペルオキシソームである。

ペルオキシソームはリソソームよりさらに小さく、直径０・２―０・７マイクロメートルの一重膜の小胞である。中にペルオキシダーゼという酵素が入っていて、スーパーオキシドアニオンなどの、ミトコンドリアの活動に伴って発生する活性酸素を水に変えて無害化している。ペルオキシソームが働かなければ、われわれはすぐに傷ついて死んでしまうことだろう。

しかし、過度に運動したりして、ミトコンドリアの活動にペルオキシソームの機能が追いつかなくなると、細胞は傷つきやすくなる。過度な運動は寿命を縮めるといわれているが、それは、活性酸素を無毒化できなくなって、細胞が傷つくからである。

何事も、過ぎたるは及ばざるがごとし、なのである。

なぜ人間は現実と非現実をたやすく取り違えるのか

リアリティーとはいったいなんだろう。われわれは自分が見聞きしている出来事をこの世の現実だと感じている。

居間でテレビを見ているとしよう。テレビの画面に映っている出来事は、虚構でないとしたら、誰かにとっての現実かもしれないけれど、自分にとっての現実ではないことをわれわれは皆知っている。テレビを消せば、この画面は跡形もなく消えてしまうからだ。テレビそのものやテレビの周りの家具は部屋から出て行かない限り消えることはないので、われわれはこれらの物体が自分の周りに今存在している実物だと信じることができる。

シャルル・ボネ症候群という幻視現象がある。視力が落ちた人に時々現れる幻視で、視野がかけた所に幻影が現れる現象である。シャルル・ボネは18世紀のスイスの博物学者で、最初にこの奇妙な幻視現象を報告したことから、そう名づけられた。V・S・ラマチャンドランは名著『脳の中の幽霊』の中でシャルル・ボネ症候群の患者と対面したときに、次のような会話をしたと述べている。

患者はラマチャンドランの膝《ひざ》の上に猿がのっていてとても生き生きしているように見えるが、本当じゃないと思っていると言う。ラマチャンドランはなぜ本物の猿じゃないと分かるのかと問う。それに対して患者は、少し時間がたてば消えるので本物じゃないと分かるんです、と答える。さらに、幻視は本物より鮮明に見えることが多く、本物より本物らしく見えると言う。

シャルル・ボネ症候群の場合は、本物に重なった映像が消えてしまうので、これが現実の出来事でないことが分かる。もし消えなかったら、現実と区別がつかないのではないだろうか。もしかしたら、現実と非現実の区別はそれほど判然としたものではないのかもしれない。

藤井直敬氏の『拡張する脳』（新潮社）を読むと、ちょっとした仕掛けさえあれば、非現実を現実と信じ込むのは簡単だということが分かる。藤井氏らは「SRシステム」という現実を操作する道具を開発した。部屋の中に被験者に入ってもらい、部屋の様子を見てもらう。その後でエイリアンヘッドと呼ばれる視覚と聴覚を操作する器具を被《かぶ》ってもらい、実験を始める。最初は部屋のリアルな様子そのものが流れるので、被験者はこれは現実だと確信する。実際、部屋で起こっていることそのものを体験しているわけだから、これはまあ、現実といってよいだろう。しばらくたつと、被験者に与えられる情報は、大分前に撮影、録音したものに切り替わるが、現在と全く同じ部屋で、同じ備品が並んでいる場所で撮影したものなので、被験者は現在進行中の現実だと錯覚する。現実から非現実に矛盾なく滑らかにつなげてやれば、人は非現実を現実だと錯覚するのだ。

そして、この非現実が永遠に続けば、人はこれこそが現実だと思うだろう。今あなたが現実だと思っていることを非現実でないと証明することは、実際、不可能なのだから。

あとがき

本書は2015年に新潮社より刊行された『生物学の「ウソ」と「ホント」最新生物学88の謎《なぞ》』に12本のエッセイを追加して文庫化したものだ。これらはすべて「池田教授の今宵《こよい》学べる生物学」と題して2013年4月6日から2015年3月28日までの2年間「夕刊フジ」に、毎週連載していたエッセイである。追加の12本は単行本化に間に合わなかった分で、文庫化により100本のエッセイをコンプリートに収録することができた。連載のエッセイを1本の欠落もなくすべて収録して、それだけで1冊の本に編めたのはちょっと嬉《うれ》しい。

文庫のタイトルの『ナマケモノはなぜ「怠け者」なのか』は、「IV　環境と生態の謎」の冒頭のエッセイの題であるが、別にさしたる意味はない。ナマケモノも普通の人からは怠けているように見えるだけで、本当は懸命に生きているのかもしれない。動物にはそもそも「怠ける」という概念がないに違いない。人間だけがコトバを発明して概念を捏造《ねつぞう》し、善と悪、敵と味方といった、価値基準を社会に持ち込んだのだ。

その結果、人間は生態系の中で特殊な地位を占め、農耕を発明し、文明を築き、科学を発達させ、自然環境を破壊し、人口が74億人にまで増大し、寿命もこの大きさの哺乳類《ほにゅう》では例外的に伸長した。このままいけば、人類が滅亡するのも時間の問題だと思われるが、一部の人は、人類は未来永劫《えいごう》生き延びると思っているようである。原発から出る放射性廃棄物の処理に関し、地下深く埋めて、３００〜４００年間は電力会社に管理させ、その後10万年間は国が掘削を禁じる規制を行う、などといった絵空事を平気で言っている人がいることからも、それが分かる。どう考えても今の電力会社は１００年後には潰《つぶ》れているだろうし、10万年後には国はおろか、人類だって生存しているかどうか定かでないのにね。

人類の未来がどうなるかは、もちろん確定的なことは誰にもわからないが、過去のこともはっきり解明されているわけではない。ホモ・サピエンスの起源についてはエッセイ執筆当時から比べて新知見が増えてきたので、本文の補遺を兼ねて、少し述べてみたい。

最近、モロッコから30万年前の現生人類と思しき化石が発見され、現生人類の起源は、従来考えられていたより10万年近く遡《さかのぼ》ることになった。また、サブサハラ（サハラ砂漠以南）に住むアフリカ系住民を除く、約60億人の人類のゲノムの2〜5％のD

NAはネアンデルタール人由来だということがはっきりしてきた。さらには、チベット、東南アジア、メラネシア、ニューギニア、オーストラリアに何万年も前から住んでいる人々は、ネアンデルタール人のDNAに加え、デニソワ人のDNAも全ゲノムの1〜6%を占めていることが判明した。デニソワ人とは、シベリア南部のアルタイ山脈にあるデニソワ洞窟《どうくつ》に住んでいた先史人類の化石に基づき想定された先史人類個体群で、現生人類よりネアンデルタール人に近縁であるとされる。

約10万年前〜7万年前に数千人〜1万人くらいの規模で出アフリカを果たした現生人類は、ネアンデルタール人やデニソワ人と交雑してこれらの人類のDNAを取り込んで生き延びてきたわけだ。巷《ちまた》では野生生物の種間交雑を遺伝子汚染と称して蛇蝎《だかつ》のように嫌う人々もいるが、彼ら自身が遺伝子汚染の産物であるということを知らないのだろうか。サブサハラ以外に住んでいた人類で遺伝子汚染をせずに純血を保っていた現生人類は絶滅したのだから、異種との遺伝子の交流を遺伝子汚染などというネガティブなコトバで呼ぶと罰が当たると思う。

ともあれ、ネアンデルタール人やデニソワ人由来のDNAのうち非適応的なものは淘汰《とうた》され適応的なものは残ったのだろう。自然選択は大きな形の進化にはほぼ無縁のプロセスだが、こういった小進化を説明するのには真によくできている。残念ながら、今や現生人類と交雑可能な生物はすべて絶滅してしまった。未来の進化可能性に備えて、遺伝子操作をして新人類でも作りますか？

2017年8月

池田清彦

解説　週末は「ナマケモノ」を読んで「怠け者」になろう

内山昭一

昆虫採集の方法に夜間の灯火採集がある。林の中の見晴らしの良い場所に白い布を張り、紫外線の強い水銀灯などを灯《とも》す。すると明かりに向かって様々な昆虫が集まってくる。【蛾《ガ》や蟬《セミ》はなぜ「飛んで火に入る夏の虫」なのか】（215頁《ページ》）で、ボルネオに行った池田清彦さんが「今回の夜間採集では大型のスズメガや蟬がたくさん飛来した。2メートル四方の白布の上にスズメガが50〜100匹、蟬も同じく50〜100匹も止まっている光景は壮観というよりないが、蛾や蟬が嫌いな人は卒倒するかもしれない」と書いている。私もこんな光景を目にしたら卒倒しかねない。狂喜のあまり気が遠くなるだろう。広げた白布に止まった虫を箸《はし》でつまんで脇《わき》に置いた鍋《なべ》に入れ、採れたて新鮮なご馳走をいただく。これぞ昆虫食愛好家冥利《みょうり》に尽きる。

私は昆虫料理研究家として昆虫食の普及啓蒙《けいもう》活動を続けている。本書でも【美味な虫は何か】（221頁）等で昆虫食を紹介していただいている。私が積極的に虫を食べ始めたのは1998年からだった。いまでこそ昆虫食は人口問題や地球温暖化対策として注目されているけれど、その当時はただの変人奇人と見なされていた。ところがそれを8年あまりも遡《さかのぼ》る1990年に、池田さんはもう「現代思想」で昆虫食について書いている。しかもアブラムシの排泄《はいせつ》する甘露をすでに食べているではないか。私よりずっと前から昆虫食を実践していたことになる。これを知って池田さんへのファンレベルは急上昇した。

池田さんとは同世代なので、思わず「うんうん」と頷《うなず》いてしまう箇所がよくある。たとえば【寄生虫の謎《なぞ》】（29頁）を読みながら、検便が日常だった小学生の頃を思い出した。体育館を掃除していてひょろ長い虫を見つけた。今にして思えば誰かのお尻《しり》から逃げ出した回虫なのだが、あの時はカマキリに寄生するハリガネムシかなにかと思ってゴミ箱にポイした記憶がある。回虫は線形動物門だしハリガネムシは類線形動物門だから、似ていて不思議ではない。

不老長寿は人類の見果てぬ夢である。【「不老不死」は可能か】（79頁）で寿命について、ヒトの細胞は50回分裂すると染色体末端のテロメアがなくなり寿命が尽き、120歳が限度だと池田さんはいう。問題なのは食糧確保だろう。平均寿命は年々延びている。世界人口は2050年に98億人に達するという国連経済社会局の予測がある。

いまでも地球号は満員で乗れない人がいるのに、将来食糧の奪い合いが激化し、栄養不足で餓死する人がますます増える。

そこで国連食糧農業機関（FAO）は2013年に「昆虫をもっと食べなさい」という主旨の報告書を出した。昆虫食のメリットは（1）昆虫は高タンパクな食べ物、（2）ウシやブタより少ない餌《えさ》で同じ量の肉が生産できる、（3）温室効果ガスをほとんど出さない、（4）水の節約、（5）狭い土地で飼育できる、等々。

昆虫は食物連鎖の下層に位置し、個体数がきわめて多い。現にいまでも20億人が2000種あまりの昆虫を食べている。池田さんも【美味な虫は何か】（221頁）で「栄養価は肉や魚を上回るといわれているので、将来の食糧難に備え、今から虫を食べる訓練をしておいたらどうですか」と書いている。立場上私も同感だが、個人的には食糧難はきてほしくない。そうはいっても万が一に備え、一度は食べておくことをお勧めする。

【草食動物はどうやってタンパク質を摂《と》るのか】（173頁）で、反芻《はんすう》動物のウシは「腹の中に牧場を持っていて、バクテリアや原生動物を飼育しており、毎日それを殺して食べている」とは正鵠《せいこく》を射た表現だ。ところがこのウシなど反芻動物の出すゲップが、近年地球環境の観点から問題になっている。牛のゲップから温室効果の高いメタンが排出されるという点だ。FAOが昆虫食を推奨する理由の一つがここにもある。牛に比べて昆虫から排出されるメタンは桁違《けたちが》いに少ないのだ。

この本にはセミの話がよくでてくる。日本人にとってセミは身近な昆虫だ。子供の頃セミ採りしたという人は多いと思う。アブラゼミ、ミンミンゼミ、ツクツクボウシ、ヒグラシあたりは鳴き声もなんとなく思い浮かぶ。人間には右脳と左脳があり、右脳は五感を認識し、左脳は言葉や文字を認識するといわれている。虫の鳴き声を西洋人は右脳でとらえ、日本人は左脳でとらえるという報告がある。【セミの鳴き声の謎】（191頁）で「セミはうるさいけれども不快というものでもない。日本人の多くは私と同じ感性であろう。しかしセミに親しくない欧米人にとってセミは不快な虫」と池田さんは書いている。日本人はセミの鳴き声を「声」として聞き、欧米人は「音」として聞いているのだ。

昨今ヒアリ、ツマアカスズメバチ、クビアカツヤカミキリなど外来生物の話題がつきない。【外来生物は悪者なのか】（206頁）の項で、池田さんは外来生物排斥原理主義者の考え方に異議を唱える。レタスもキャベツもイチョウもウメも外来種だとしたうえで、「たかだか2500年前に日本列島に入ってきたイネは、日本の低地の自然生態系を完膚なきまでに破壊した、史上最悪の侵略的外来種である」と強調する。

池田さんの言うように、「悪者」なのかどうかは相対的なものだし、時代や国によっても異なる。「秋桜」と書くコスモスにしても明治時代に持ち込まれたメキシコ原産の外来種なのだ。外来生物が生態系に与える影響を冷静に見極めることが肝要といえる。

本書は個々の項目が簡潔にまとまっていて読みやすい。さらに序文に「律儀《りちぎ》に最初から読み始めなくとも興味があるところから読んでいただければありがたい」とある。どこから読んでも最新生物学の「ウソ」と「ホント」が分かるという仕組みだ。

池田さんの絶妙な語り口にも注目したい。たとえば【毒をもつのはどんな動物か】(176頁)の末尾を「きれいな女の人でも、口説き始めると逃げ出す人と、逃げない人がいるが、後者の女の人には、もしかしたら毒があるのかもしれないね」で締め括《くく》っている。難しく思える生物学の話もこうした比喩《ひゆ》で納得できる。

明日は久しぶりの休日である。今夜は【ナマケモノはなぜ「怠け者」なのか】(170頁)でも読んで寝ることにしよう。そうはいっても20時間は寝てられないけどね。

(平成二十九年八月、昆虫料理研究家)

この作品は平成二十七年三月新潮社から刊行された『生物学の「ウソ」と「ホント」　最新生物学88の謎』を増補し、再編集したものである。

ナマケモノはなぜ「怠《なま》け者《もの》」なのか

最新生物学の「ウソ」と「ホント」

新潮文庫　い－75－11

平成二十九年十月一日発行

著者　池《いけ》田《だ》清《きよ》彦《ひこ》

発行者　佐藤隆信

発行所　株式会社新潮社

郵便番号　一六二―八七一一
東京都新宿区矢来町七一
電話　編集部(〇三)三二六六―五四四〇
　　　読者係(〇三)三二六六―五一一一
http://www.shinchosha.co.jp

価格はカバーに表示してあります。

乱丁・落丁本は、ご面倒ですが小社読者係宛ご送付ください。送料小社負担にてお取替えいたします。

印刷・株式会社光邦　製本・憲専堂製本株式会社

ISBN978-4-10-103531-4 C0195